Feuerwehr-Veteranen

M·A·N
DIESEL

Udo Paulitz

Feuerwehr Veteranen

Geschichte, Technik, Raritäten
1900 bis 1970

Kosmos

Mit 63 Farbfotos und 221 SW-Fotos aus den untengenannten Archiven (die Nummern in Klammern finden sich bei den jeweiligen Abbildungstexten wieder).
Feuerwehren: BF Hamburg (01) 19; BF Köln (02) 18; BF Leipzig (03) 1; BF Dortmund (04) 11; BF Bochum (09) 4; BF Wiesbaden (12) 4; FF Lüneburg (13) 4; BF Berlin (14) 2; BF Aachen (16) 3; BF Göttingen (17) 1; BF Krefeld (19) 1; BF Hannover (20) 6; BF Solingen (21) 18; BF Düsseldorf (23) 11; BF Wolfsburg (24) 1; BF Mannheim (25) 5; FF Münster-Hiltrup (26) 5; FF Ganderkesee (27) 1; BF Bremen (28) 2; BF Trier (29) 1; FF Thedinghausen (31) 1; FF Neureut (32) 1; FF Bissendorf (33) 1; BF Heilbronn (35) 5; FF Clausthal-Zellerfeld (36) 2; BF Essen (37) 3; FF Gevelsberg (38) 1; FF Neuss (39) 2; FF Düren (41) 2; FF Dachau (43) 1; BF Kassel (44) 2; BF Ludwigshafen (45) 3; FF Aalen (46) 1; FF Wernigerode (47) 1; FF Grethen (48) 1; BF Chemnitz (50) 2; FF Adnet (22) 2.
Werksarchive: Iveco-Magirus (05) 44; Mercedes-Benz (07) 4, MAN (08) 1; Henkel-Werke (11) 2; Metz (15) 15; Ziegler (30) 5; Graaff (34) 2; Bayer-Werke (42) 1; VEB-Robur-Werke (51) 1.
Privatsammlungen: Sammlung Paulitz (06) 34; Sammlung Kunger (10) 6; Sammlung Krenn (18) 18; Sammlung Zimmermann (49) 1.

Einbandgestaltung von Atelier Reichert, Stuttgart, unter Verwendung von drei Aufnahmen aus dem Archiv des Verfassers. Das obere Umschlagfoto zeigt ein Magirus-Deutz-F-Jupiter-A-Zubringer-Löschfahrzeug ZB 6, Bj. 1961, der FF Neuenkirchen (ex Flughafenfeuerwehr Hamburg-Fuhlsbüttel). Unten ein IFA S 4000–1 mit hydraulischem DL-25-Aufbau vom VEB Feuerlöschgerätewerk Luckenwalde, Baujahr 1963.
Rückseite: Ein Magirus M 30 als KS 8 der Grubenwehr der Saarbergwerke Homburg, Saar, Baujahr 1938.

Lektorat und Herstellung: Siegfried Fischer, Stuttgart

Die Deutsche Bibliothek – CIP-Einheitsaufnahme

Ein Titelsatz für die Publikation ist bei
Der Deutschen Bibliothek erhältlich

ISBN 3-440-07942-2
Printed in Czech Republic/Imprimé en République tchèque
Satz und Repro: Typomedia Satztechnik, Ostfildern
Druck und Bindung: Těšínská Tiskárna AG, Český Tesín

Zum Bild auf S. 2:
Auf der Durchreise. Die Feuerwehr Buenos Aires, Argentinien, orderte bei Metz/Karlsruhe eine mechanische DL 52 mit Fahrstuhleinrichtung und mittig hinter der Staffelkabine eingebauter Feuerlöschkreiselpumpe FPM 25/8 auf MAN-1070-H-Chassis mit 172 PS Motorleistung. Diese schwere Drehleiter wurde 1964 fertiggestellt, trat auf eigener Achse den Weg zur Verschiffung an und machte vorher auf der Hamburger Hauptfeuerwache zwecks Besichtigung und Vorführung Station. Kennleuchten und Elektrofahrsirene sind abgebaut, um mögliche Transportschäden zu vermeiden. (01)

Inhalt

Zwei außergewöhnliche Raritäten, aufgebaut Ende der 30er Jahre von dem Feuerwehrausrüster Fischer in Görlitz. Verwendet wurden 3-t-Büssing-NAG-Typ-30-Fahrgestelle (Vierzylinder-Dieselmotor, 70 PS, 3895 cm³ Hubraum), und bekanntlich waren die Produkte dieses Herstellers nur sehr sporadisch bei den Feuerwehren vertreten. Während der rechts abgebildete Wagen an die Werksfeuerwehr Bochumer Verein (BVG) geliefert wurde, ist der Besteller des geschlossenen Fahrzeugs daneben nicht überliefert. Auch die feuerwehrtechnischen Daten sind nicht bekannt; vermutlich aber handelt es sich um Kraftfahrspritzen KS 15. (Foto: Fischer, Görlitz)

Ein Wort vorab

Nach der positiven Resonanz, die meine bisherigen im gleichen Verlag erschienenen Werke, die sich mit fachlich kommentierten Fotodokumenten aus der Feuerwehrgeschichte befassten, in interessierten Leserkreisen gefunden haben, wird hiermit ein weiterer Band vorgelegt, der neue, in meinen früheren Büchern überwiegend noch unbehandelte Themen beschreibt und bildlich dokumentiert.
Das Spektrum reicht von den vielen in Eigenleistung durch die Wehren selbst oder auch durch kleinere örtliche Handwerks- und Karosseriebetriebe, teilweise aber auch durch die Feuerwehrgeräteindustrie, zu Einsatzfahrzeugen umgebauten Modellen, bis hin zu jenen für den Export bestimmten Wagen mit ihren typischen, auf unser Auge zumeist etwas fremdartig und exotisch wirkenden Aufbauten und Ausrüstungsmerkmalen.
In der Literatur wurde diese große Fahrzeuggruppe bisher eher stiefmütterlich behandelt, obwohl es sie früher bei fast jeder Wehr gab und sie sich aus ehemaligen Armee-, Polizei- oder sonstigen beliebigen zivilen Modellen, deren Bandbreite sich vom Personenkraftwagen bis hin zu Last- und Lieferfahrzeugen erstreckte, rekrutierte. Die Fahrzeuge wurden, soweit dies möglich war, nach den speziellen Vorstellungen und Bedürfnissen der jeweiligen Feuerwehr umgebaut.
Viele dieser Fahrzeuge stammten aus Beständen der ehemaligen Deutschen Wehrmacht, die nach dem Krieg überall nutzlos herumstanden und auf die Verschrottung warteten. Aber auch die in großer Stückzahl nun überzähligen Fahrzeuge der westalliierten Armeen, besonders der US-amerikanischen, bereicherten das zur Verfügung stehende Potenzial.
Diese in den 50er und 60er Jahren auch bei größeren Wehren weit verbreitete Fahrzeugkategorie war auch ein Indiz für die Not der Nachkriegszeit und die Improvisationsfähigkeiten der überwiegend aus handwerklichen Berufen stammenden Wehrmänner. Neue Fahrzeuge standen zu dieser Zeit anfangs nur sehr beschränkt zur Verfügung, so dass man sich mit Provisorien behelfen musste. Teilweise fehlten aber auch die zur Anschaffung neuer Fahrzeuge erforderlichen finanziellen Mittel. Zu den Eigenumbauten zählten auch jene Feuerwehrfahrzeuge, deren Verwendungszweck durch Umrüstung, z. B. bei Entfernung des Aufbaus, um dadurch das Chassis für andere Zwecke weiterverwenden zu können oder bei Umsetzung eines Drehleiterparks auf ein neueres Fahrgestell, geändert wurde. Zumeist erfüllten diese Fahrzeuge die ihnen zugedachten Aufgaben wie neue Modelle, so dass sie jahrelang im Dienst verblieben. Für kleinere, weniger finanzkräftige Wehren, war ein in Eigenarbeit umgestaltetes Fahrzeug manchmal das erste Motorfahrzeug überhaupt und daher der Einstieg in die Motorisierung. Dieser Schritt begann bereits in den 20er Jahren mit der Umrüstung mancher schwerer Personenkraftwagen, die über die nötige Tragfähigkeit verfügten, und er trug sehr dazu bei, die Mobilität der Feuerwehren, besonders auf dem Lande, zu erhöhen.
Fast jedes dieser Modelle war ein Unikat und daher einzigartig. Es erstaunt heute immer wieder, welch unterschiedliche Konstruktion auf diesem Gebiet in der Vergangenheit hervorgebracht worden sind. Heute sind diese Modelle seltener geworden, obwohl bei den Wehren immer noch relativ viel in Eigenarbeit verändert und umgebaut wird. Insgesamt überrascht es sehr, auf welch lange Einsatzzeiten manche dieser ursprünglich nur für eine Übergangszeit vorgesehenen Fahrzeuge zurückblicken können.
Leider wurden viele dieser Fahrzeuge weder im Foto festgehalten noch anderweitig dokumentiert, oder deren Abbildungen gingen im Laufe der Zeit verloren. So gehören die wenigen fast ausschließlich als Amateuraufnahmen überlieferten Fotografien zu den besonderen Raritäten.
Eine Auswahl der interessantesten Konstruktionen ist in diesem Buch zu sehen, und sicherlich wird manches dieser Einzelstücke die zahlreichen Modellbauer unter den Lesern zu entsprechenden Umbauaktivitäten anregen, denn oftmals sind es gerade diese nicht nach Normen gestalteten Fahrzeuge, die allein schon wegen ihrer Einzigartigkeit einen besonderen Reiz auf Sammler und Liebhaber ausüben.
Darüber hinaus wurde das Bildmaterial durch ausgewählte, unveröffentlichte, aus Privathand oder von den Feuerwehren selbst stammende Betriebs- und Einsatzaufnahmen ergänzt.
Erstmals werden in diesem Band historische, überwiegend aus den ersten beiden Nachkriegsjahrzehnten stammende Farbaufnahmen veröffentlicht, die als besondere fotografische Leckerbissen zu bezeichnen sind, denn das Fotografieren mit Farbfilmen war zu jener Zeit, als allenthalben fast ausschließlich Schwarz-Weiß-Filme belichtet wurden, bei dem vergleichsweise teuren und noch mit vielen Mängeln behafteten Material, das überdies nur recht bescheidene Filmempfindlichkeiten aufwies, problematisch, so dass es noch eher eine Ausnahme war, wenn ein Farbfilm eingelegt wurde. Neben dem Filmmaterial hat auch die Kameratechnik, insbesondere die verbesserte Farbwiedergabe der Objektive, in den vergangenen Jahren eine rasante Entwicklung genommen. So ist es erklärlich, dass nur relativ wenig Farbaufnahmen aus dieser Zeit existieren. Aber auch die Qualität des hier abgedruckten Schwarz-Weiß-Materials kann nicht immer mit der heute erreichbaren Güte mithalten, handelt es sich doch zu einem größeren Teil auch hier um Amateuraufnahmen, von denen keine Negative mehr existieren und die mittels Reproduktion abgezogen werden mussten. Anders ist die Situation bei den aus Werksarchiven stammenden Aufnahmen, die in der Regel von Berufsfotografen auf großen Negativ- oder Plattenformaten erstellt worden sind und daher – trotz ihres Alters – eine meist gute Qualität aufweisen.
Neben den Aufnahmen aus Westdeutschland, die wie immer stückzahlmäßig überwiegen, und den – leider – nur wenigen Abbildungen aus der ehemaligen DDR, wurde dieses Mal auch Bildmaterial von in Österreich beheimateten Feuerwehrfahrzeugen, überwiegend auf deutschen Fahrgestellen und meist als Eigenumbauten, aufgenommen, da genügend Material von ähnlichen Fahrzeugen aus Deutschland nicht zur Verfügung stand. Die gezeigten Wagen sind aber in ihrem Erscheinungsbild so interessant, daß ich auf die Veröffentlichung der Aufnahmen nicht verzichten wollte, zumal ähnlich geartete Fahrzeuge auch bei deutschen Wehren in der Nachkriegszeit in großen Stückzahlen ihren Dienst versahen. Ich hoffe, damit für die überwiegende

Pferdebespannter Löschzug einer großstädtischen Berufsfeuerwehr vor der Motorisierung, aufgenommen 1901 auf der Kölner Feuerwache Melchiorstraße. Von links nach rechts sind zu sehen: Krankenwagen von 1899, Dampfspritze von 1901, Handdruckspritzenwagen, mechanische Hönig-Drehturmleiter, Wasserwagen von 1890 und bespannter Mannschaftswagen. (02)

Anzahl der Leser eine zufriedenstellende Auswahl getroffen zu haben.

An dieser Stelle möchte ich mich bei allen denjenigen herzlich bedanken, die mir bei der Erstellung dieses Buches – sei es durch Bildmaterial, Daten oder andere Unterlagen und Hinweise – geholfen haben. Insbesondere aber danke ich meiner Frau, die das nicht immer in Schönschrift verfasste Manuskript zu Papier brachte und mir in vielfältiger Weise hilfreich zur Seite stand.

Obwohl ich mich bemüht habe, die Daten zu den Bildlegenden so exakt wie möglich zu verfassen, lassen sich mit Sicherheit Fehler, Ungenauigkeiten und andere Unzulänglichkeiten nicht vollständig ausschließen. Sollten Sie solche feststellen, bitte ich höflichst um Nachsicht und Richtigstellung.

Es ist immer wieder erstaunlich, wie viele interessante Bilder und anderes Material aus der Feuerwehrgeschichte noch irgendwo im Verborgenen schlummert. Daher möchte ich an dieser Stelle wieder den Aufruf und die Bitte um Kontaktaufnahme an die Leser richten, sollten sie über Material der genannten Art verfügen oder ihnen die Existenz solcher Quellen bekannt sein. Die mir leihweise überlassenen Unterlagen werden umgehend nach deren Auswertung zurückgesandt. Insbesondere wären auch ältere Firmenkataloge und Werbeschriften im Original sehr wertvoll.

Ihnen, liebe Leser, wünsche ich viel Freude bei der Lektüre und beim Betrachten der Bilder.

Udo Paulitz
Braunsberger Weg 69
47279 Duisburg
Tel: 0203/71 92 95
Fax: 0203/7 29 05 98

Benzingetriebene Motorspritze mit 1500-l/min-Feuerlöschkreiselpumpe mit Heck auf Adler-3-t-Chassis mit 47 PS Motorleistung. Das Fahrzeug wurde 1913 von der Berufsfeuerwehr Leipzig in Dienst gestellt. (03)

Motorisierter Löschzug der Berufsfeuerwehr Dortmund zu Beginn der 20er Jahre. Von links nach rechts: Schlauchwagen auf Benz-Gaggenau-Fahrgestell, Magirus-Drehleiter auf Daimler-Marienfelde DC 3 dF und eine Motorspritze, ebenfalls auf einem Daimler-Chassis aufgebaut. (04).

Elektromobile Magirus-Dampfspritze der Berufsfeuerwehr Köln mit 2000 l/min Pumpleistung, die ursprünglich 1904 auf einem selbstfahrenden dampfbetriebenen Fahrgestell geliefert und im Jahre 1913 in eigener Werkstatt auf ein Elektrofahrgestell der Kölner-Elektromobil-Werke Heinrich Scheele umgesetzt wurde, da sich die Dampfkraft als Antriebsquelle für Fahrzeuge in der Praxis als zu aufwendig erwiesen hatte. Das Scheele-Elektro-Fahrgestell besaß Radnabenmotoren mit insgesamt 18 PS Leistung und Akkumulatoren-Batterien mit 80 Zellen, die sich unterhalb der „Motorhaube" befanden. Die Aufnahme entstand 1921 auf der Feuerwache Altermarkt und lässt deutlich Gebrauchsspuren am Fahrzeug erkennen. (02)

Löschzug der Berufsfeuerwehr Köln, Feuerwache Gießener Straße, im Jahre 1921. Von rechts nach links: Kommandowagen mit 18 PS, elektromobiler Mannschaftswagen auf Scheele-Fahrgestell, 24-m-Magirus-Drehleiter, deren Aufrichten und Ausziehen über einen 2,5-PS-Elektromotor erfolgte, ebenfalls auf Scheele-Elektro-Chassis, elektromobil angetriebene Motorspritze von 1910 von Scheele und auf Elektroantrieb umgebautes Dienstfahrzeug (ehemals Magirus-Dampfspritze von 1904). (02)

Der Braunschweiger Lastwagenhersteller Büssing war schon immer ein Außenseiter bei den Feuerwehren gewesen. Hier eine seltene Vierzylinder-40-PS-Motorspritze des Typs Büssing V, 5 t mit Heckpumpe aus dem Jahre 1913. Beachtenswert die für ein Feuerwehrfahrzeug geradezu luxuriös wirkenden, ledergepolsterten Sitzbänke. (06)

Magirus-Werksaufnahme vom 28. 3. 1913 einer an die Berufsfeuerwehr Leipzig gelieferten DL 26 auf Benz-Gaggenau-Niederrahmenfahrgestell des Typs B0 14 mit Vierzylinder-8590-cm^3-Vergaserreihenmotor S 135 mit 48/58 PS Leistung. Die Kraftübertragung erfolgte mittels Kette auf die Hinterräder und die Höchstgeschwindigkeit lag bei 25 km/h. (05)

Motorspritze der Werksfeuerwehr der Süddeutschen Automobil-Fabrik Gaggenau (Baden), später Benz-Gaggenau, von 1910, auf SL-10–3-t-Fahrgestell mit Vierzylinder-Vergasermotor des Typs R 6 (6450 cm³ Hubraum, 35/40 PS). Das von Metz aufgebaute Fahrzeug verfügte über eine 800-l-Feuerlöschkreiselpumpe im Heck. Üblich bei den Modellen dieser Epoche waren Vollgummibereifung, offene Sitzanordnung und das Gerüst zur Lagerung von Leitern und Saugschläuchen. (07)

Magirus DL 28 (mit K-16-Leitergetriebe) auf 3-t-MAN-3-Zc-Fahrgestell (Vierzylinder-Vergasermotor, 40 PS, 6302 cm³ Hubraum), geliefert 1922 an die Berufsfeuerwehr Augsburg. (08)

Mercedes-Daimler DC 3 dF (45 PS, 7234 cm³ Hubraum, 30 km/h Höchstgeschwindigkeit. Kardanantrieb) als Motorspritze mit 1500-l/min-Erhardt & Schmer-Heckpumpe aus dem Jahre 1922. (07)

Von Magirus, Ulm, für die Feuerwehr von Danzig erstellte Automobilspritze auf 3-t-NAG(Neue Automobil AG)-Fahrgestell (31 PS, 5699 cm³ Hubraum) in einer Aufnahme vom 29. 4. 1914. Die Abbildung zeigt das Fahrzeug im Rohbauzustand. (05)

Automobilspritze mit 1000-l/min-Heckpumpe der Feuerwehr Bochum, aufgenommen zu Beginn der 20er Jahre. Als Fahrgestell diente ein solches von Benz-Gaggenau des Typs 2 CN (Vierzylinder-Vergasermotor, 40 PS), und der Aufbau stammte von Metz. Das Fahrzeug verfügte bereits über damals versuchsweise eingeführte, rolladenverschlossene Geräteräume am Heck. Diese Bauweise begann sich erst viel später, ab Mitte der 60er Jahre, langsam durchzusetzen. (09)

Büssing-Motorspritze des Typs V (5 t Nutzlast, 40-PS-Vierzylinder-Vergasermotor, 6898 cm^3 Hubraum) mit Magirus-Aufbau und 1500-l/min-Heckpumpe, die 1914 an die deutsche Heeresverwaltung geliefert wurde und für den Feuerschutz im Großen Hauptquartier mit verantwortlich war. (06)

Fahrzeugumbauten, ob in Eigenleistung oder durch einen Karosseriebetrieb, waren schon seit jeher bei den Feuerwehren an der Tagesordnung. In den 20er und 30er Jahren diente vielen Wehren so mancher schwere Pkw mit entsprechend hoher Nutzlast und Leistungsreserve als Einstieg in die Motorisierung. Abgebildet ein von der Firma Fischer, Görlitz, zum Feuerwehrfahrzeug umgebauter 13/65-PS-Hansa des Typs A 6 (Sechszylinder-Reihen-Vergasermotor, 65 PS bei 3000 U/min, 3489 cm^3 Hubraum, 105 km/h Höchstgeschwindigkeit) aus dem Jahre 1928. (10)

Motorspritze mit 1000-l/min-Heckpumpe mit Koebe-Aufbau auf Benz-Gaggenau-1-CN-Vierzylinder-Vergasermotor, mit 35 PS bei 1200 U/min, 4760 cm^3 Hubraum, Kardanantrieb als Fahrzeug Nr. 2 des Landkreises Guben-Fürstenberg von 1924. In den 30er Jahren wurde das elastikbereifte Fahrzeug auf Luftbereifung umgerüstet und war noch bis nach 1945 im Einsatz. (10)

Ebenfalls durch Fischer in Görlitz wurden die Umbauarbeiten an diesen beiden Fahrzeugen ausgeführt. Oben ist ein Buick 15/95, Modell 57 (ehemalige viertürige Sedan-Limousine), unten ein Horch 8, 16/80 PS, Typ 375 (Achtzylinder-Vergasermotor, 80 PS, 3950 cm^3 Hubraum, 100 km/h Höchstgeschwindigkeit, 600 kg Nutzlast) zu sehen. Beide Fahrzeuge verfügten nur über ein Mindestmaß an feuerwehrtechnischer Ausrüstung und konnten 6–8 Wehrmänner und eine oftmals angehängte, einachsige Lafettenpumpe relativ schnell an den Einsatzort befördern. (beide 10)

Fahrzeuge der Düsseldorfer Werksfeuerwehr Henkel in einer Ende der 20er Jahre vor dem Feuerwehrgerätehaus entstandenen Aufnahme. Links eine Motorspritze auf Daimler-Marienfelde-DC-3-dF-Chassis (45 PS, 7234 cm^3 Hubraum, 30 km/h Höchstgeschwindigkeit) mit 1500-l/min-Heckpumpe und Metz-Aufbau. Die daneben gezeigte Drehleiter DL 25 stammt ebenfalls von Metz und wurde auf einem Benz-Gaggenau-3-CND-Niederrahmen-Chassis errichtet. Die motortechnischen Daten lauteten: Vierzylinder-Vergasermotor, 50/55 PS, 8140 cm^3 Hubraum und 35 km/h Höchstgeschwindigkeit. (11)

Dreifahrzeuglöschzug der Berufsfeuerwehr Wiesbaden mit aufgesessener Besatzung. Links eine Benz-Gaggenau-3-CN-Automobilspritze, daneben eine 24-m-Braun-Holzbalanceleiter auf gleichem Fahrgestell. Die rechts gezeigte Motorspritze auf Opel-3,5-t-Fahrgestell (Vierzylinder-Vergasermotor, 40 PS, 6240 cm^3 Hubraum) entstand auf dem noch aus dem Ersten Weltkrieg stammenden Fahrgestell des Regellastwagens. Beachtenswert die großen, kobaltblauen Scheinwerfer vor den Windschutzscheiben der Fahrzeuge. (12)

Motorspritze als Mannschaftswagen mit angehängter Lafettenspritze auf Daimler-Marienfelde, Typ DC 3c (35 PS, 5490 cm^3 Hubraum, 30 km/h Höchstgeschwindigkeit, Kardanantrieb), der Berliner Feuerwehr (Löschzug Oberschöneweide), Baujahr ca. 1917. (06)

Löschzug der Freiwilligen Feuerwehr Lüneburg zu Beginn der 30er Jahre. Von rechts: Magirus-Motorspritze auf 2-t-M-1-Fahrgestell (Sechszylinder-Vergasermotor, 55 PS, 4068 cm^3 Hubraum), Magirus-Drehleiter DL 20 auf Magirus M 20 (Sechszylinder-Vergasermotor, 60 PS, 4253 cm^3 Hubraum) und Magirus 2 CS (Vierzylinder-Vergasermotor, 55 PS, 4250 cm^3 Hubraum) mit 1500-l/min-Feuerlöschkreiselpumpe. Während das letztgenannte Fahrzeug noch über Elastikbereifung verfügt, sind die beiden übrigen Fahrzeuge bereits mit Luftbereifung ausgerüstet. (13).

Diese 1932 von Magirus aufgebaute Automobilspritze auf Magirus-M-40-S-Niederrahmen-Chassis gehörte zu einem Auftrag von sechs baugleichen Fahrzeugen, den die Berufsfeuerwehr München diesem Aufbauhersteller erteilte. Die Fahrzeuge besaßen 1500-l/min-Feuerlöschkreiselpumpen im Heck und waren für 11 Mann Besatzung ausgelegt. Die offen ausgeführten, luftbereiften Fahrzeuge besaßen Sechszylinder-110-PS-Vergasermotoren, die eine Höchstgeschwindigkeit von 60 km/h ermöglichten. Die Abbildung entstand am 2. 11. 1932. (05)

Drei sog. „Einheitskraftspritzen" mit 1500-l/min-Vorbaupumpen in einer Magirus-Werksaufnahme vom 17. 2. 1937 vor der Auslieferung an die sächsischen Feuerwehren (von links) Böhlen/Amt Leipzig, Zeithain und Mainsberg/Sachsen. Für diese Kraftfahrspritzen – werksseitig als „Mannschaftswagen" bezeichnet – wurden LK-3500-Fahrgestelle von Hansa-Lloyd (60 PS, 3444 cm^3 Hubraum) verwendet. (05)

Erst der überaus strenge Winter des Jahres 1928/29 brachte die Erkenntnis, dass geschlossene Fahrzeugaufbauten auch bei Feuerwehrfahrzeugen zum Schutz der Mannschaften dringend geboten waren. Eine der ersten Wehren, die diese Forderung in die Praxis umsetzte, war die Berliner Berufsfeuerwehr, die bereits zur Jahresmitte 1930 die erste Motorspritze mit Koebe-Aufbau aus einer Beschaffungsserie mit vollständig geschlossenen Fahrer- und Mannschaftsräumen in Dienst stellte. Das abgebildete Fahrzeug besaß eine 1500-l/min-Heckpumpe; eine Heizung war noch nicht installiert. (14)

Die Breslauer Feuerwehr gehörte zu den wenigen Wehren in Deutschland, welche in den 30er Jahren Büssing-Fahrgestelle für ihre Fahrzeuge verwendete. Hier eine von Metz aufgebaute Kraftfahrspritze KS 25 auf Büssing-NAG 350 (Achtzylinder-Motor, 90 PS, 7914 cm³ Hubraum, 3,5 t Nutzlast) aus dem Jahre 1935. (15)

Noch in den 30er Jahren ließen sich Wehren, hier besonders Werksfeuerwehren, ihre Feuerwehrfahrzeuge in offener Bauweise erstellen. Teilweise geschah dies aus Kostengründen. Oben ein Fahrzeug der Werksfeuerwehr der Bayerischen Motoren-Werke AG, München, auf Magirus M 305 (Sechszylinder-Vergasermotor, 65 PS 4559 cm^3 Hubraum) in einer Aufnahme vom 3. 11. 1934. Vorn besaß das Fahrzeug eine Luftschaumpumpe des Typs LS II und am Rahmenende eine Feuerlöschkreiselpumpe des Typs P V mit 1500 l/min Förderleistung. Der über der Hinterachse installierte Löschwassertank besaß 1800 l Fassungsvermögen. Unten der 1936 gebaute Mannschaftswagen (ohne Pumpe) auf Magirus M 25 der Freiwilligen Feuerwehr der Stadt Laufen a. d. Saale. (beide 05)

Tankspritze auf Magirus M 30 S (Sechszylinder-Diesel, 70 PS, 4559 cm³ Hubraum), die Ende 1936 für die Werksfeuerwehr des Erla-Maschinenwerks GmbH, Leipzig, geliefert wurde. Das Fahrzeug besaß einen 2000-l-Wassertank sowie einen separaten Schaummitteltank mit flexibler Schlauchleitung zum Vormischer der 1500-l/min-Vorbaupumpe. (05)

Offen ausgeführte Automobilspritze mit 1500-l/min-P-V-Vorbaupumpe auf Magirus M 27 S, geliefert 1937 an die Werkfeuerwehr der Gewerkschaft Mathias Stinnes, Essen. (05)

Kraftfahrspritze KS 25 (werksseitig als „Autospritze" bezeichnet) auf Magirus-M-37-S-Chassis (Sechszylinder-Diesel, 90 PS, 7540 cm³ Hubraum) in einer Aufnahme vom 18. 10. 1936. Während vorn eine Luftschaumpumpe des Typs LS IV installiert war, befand sich am Rahmenende eine Feuerlöschkreiselpumpe des Modells HP VI mit 2500 l/min Förderleistung. Die Besatzung dieses an die Feuerlöschpolizei Bielefeld gelieferten Fahrzeugs betrug neun Mann. (05)

Im Winter 1936/37 entstand die Fotografie dieser Kraftfahrspritze KS 25 auf Magirus M 37 S der Feuerlöschpolizei Aachen. Vorn befand sich eine Luftschaumpumpe des Typs LS II und am Rahmenende die Feuerlöschkreiselpumpe HP VI mit 2500 l/min Förderleistung. (16)

Die Berufsfeuerwehr (Feuerlöschpolizei) Leipzig stellte in den 30er Jahren eine Reihe schwerer Fahrzeuge auf Büssing-Fahrgestellen in Dienst. In der unteren – 1937 vor der Leipziger Hauptfeuerwache entstandenen – Aufnahme sind die bis dato gelieferten Fahrzeuge zu sehen. Vorn die von Flader, Jöhstadt, aufgebaute dreiachsige Tankspritze TS 2,5 a auf 150-PS-Büssing-NAG-L-8-V (6 × 4) mit 3000-l-Wassertank und 2500-l/min-Vorbaupumpe. Das Fahrzeug stand bis 1956 im Einsatzdienst.

Das obere Bild zeigt die drei 1935 auf Büssing-NAG 400 von Metz erstellten Kraftfahrdrehleitern KL 30, ausgerüstet mit Sechszylinder-LD-6-Dieselmotoren mit 95 PS und 7412 cm³ Hubraum. (beide 06)

Auf den 13. 3. 1937 datiert ist diese Magirus-Werksaufnahme, die eine an die Freiwillige Feuerwehr Lippstadt gelieferte Kraftfahrdrehleiter KL 24+2 zeigt, die auf dem 70-PS-M-30-L-Chassis von Magirus aufgebaut worden war. (05)

Eine „Autostahlleiter 26" – so lautete die damalige werksseitige Bezeichnung –, aufgebaut auf Magirus M 30 L, erhielt die Feuerwehr des Stadtkreises Wurzen im Jahre 1936. Beachtenswert die verchromte Kühlerattrappe des Fahrzeugs. (05)

Die Feuerlöschpolizei Reutlingen wählte eine preiswerte Lösung, um an ein motorisiertes Leiterfahrzeug zu gelangen, indem sie ihre noch voll funktionstüchtige 18-m-Holzleiter von Magirus aus dem Jahre 1911 auf ein M-25-Fahrgestell des selben Herstellers umsetzen ließ. Am 18. 7. 1937 wurde diese „Umbauleiter" vor dem Ulmer Münster vor der Auslieferung an den Besteller im Bild festgehalten. (05)

Ein LK-3500-Fahrgestell von Hansa-Lloyd wurde für diese Kraftfahrdrehleiter KL 17 verwendet, die 1939 von der Freiwilligen Feuerwehr Wolfenbüttel bei Magirus, Ulm, geordert und unter der Kommissions-Nr. 905637 zu Beginn des Jahres 1941 an den Auftraggeber ausgeliefert wurde. (05)

Diese Kraftfahrdrehleiter KL 26 wurde 1935 von Metz, Karlsruhe, an die Berufsfeuerwehr Kassel geliefert. Der Aufbau entstand auf dem Daimler-Benz-Fahrgestell Mercedes-Benz LoD 3500, ausgerüstet mit dem Sechszylinder-Vorkammer-Dieselmotor OM 67 mit 95 PS bei 2000 U/min und 7440 cm^3 Hubraum. (15)

Gewaltige Ausmaße besaß diese von Metz an die Berufsfeuerwehr Nürnberg gelieferte Kraftfahrdrehleiter KL 46 mit mechanischem Antrieb und sechsteiligem Stahlleiterpark. Sie wurde auf dem LD-6500-Fahrgestell von Daimler-Benz errichtet und gelangte nach Kriegsende auf dem Tauschweg gegen sieben Tragkraftspritzen zur Berufsfeuerwehr Stuttgart. (07)

Interessante Fotostudie einer Magirus-Kraftfahrdrehleiter für die Werksfeuerwehr Vereinigte Kugellagerfabriken AG, Schweinfurt, mit 30 m Auszugslänge und K-30-Leitergetriebe, aufgenommen am 29. 12. 1938 aus dem Fahrerhaus einer KS 25 für Brandenburg. (05)

Die Feuerlöschpolizei Berlin stellte Ende 1938 diese auf Magirus M 45 (Sechszylinder-Diesel, 105 PS, 7540 cm^3 Hubraum) erbaute Kraftfahrdrehleiter KL 26+2 in Dienst. (05)

Die deutschen Feuerwehrausrüster waren schon immer stark exportorientiert. Hier wurde der Besuch einer chinesischen Reisegruppe im Magirus-Werk II am 15. 8. 1934 vor einer Magirus-M-50-L-Kraftfahrdrehleiter im Bild festgehalten. (05)

Magirus-Exportauftrag für Russland. Am 29. 1. 1933 präsentierten sich drei offen ausgeführte Kraftfahrspritzen auf Magirus M 40 (Sechszylinder-Vergasermotor, 90 PS, 7793 cm^3 Hubraum), sowie die mit geschlossenen Aufbauten versehenen Funk- und Scheinwerferwagen (beide auf Magirus M 30) der Kamera. (05)

„Autospritze“ Canton (China) auf Magirus M 30 S mit heckseitig eingebauter P-V-Pumpe (1500 l/min Förderleistung) und aufgeprotzter dreiteiliger 20-m-Ganzstahlleiter in einer am 28. 3. 1933 entstandenen Aufnahme. (05)

An die Feuerwehr der damals polnischen Stadt Gdingen wurde die hier gezeigte Autodrehleiter 45+2 m mit K-30-Leitergetriebe exportiert. Als Fahrgestell gelangte das des 5-t-Magirus-M-50-L (Sechszylinder-Vergasermotor, 110 PS, 7739 cm³ Hubraum) zur Verwendung. Erstaunlicherweise wurde dieses Fahrzeug – trotz der im Osten herrschenden rauen klimatischen Verhältnisse – offen ausgeführt. Die Magirus-Werksaufnahme entstand am 15. 2. 1938. (05)

Am 17. 2. 1941 entstand die Fotografie dieser „Autotankspritze PH 115 B“ (Bezeichnung gemäß Magirus-Fotoliste) mit 2500-l/min-Heckpumpe und 2000-l-Wassertank auf 110-PS-Magirus-FS-45-Chassis. Geliefert wurde dieses Fahrzeug an die rumänische Feuerwehr Hermannstadt. (05)

Gruppenaufnahme eines weiteren Exportauftrages für Rumänien aus dem Jahre 1936. Abgebildet sind drei Magirus-M-45-S-Tankspritzen mit 3000-l-Wassertanks, sowie eine 24-m-Ganzstahl-Autoleiter auf M-27-L-Fahrgestell. Auch diese Fahrzeuge verfügten nur über offene Fahrerhäuser. (05)

„Autospritze" Canton (China) auf Magirus M 30 S mit heckseitig eingebauter P-V-Pumpe (1500 l/min Förderleistung) und aufgeprotzter dreiteiliger 20-m-Ganzstahlleiter in einer am 28. 3. 1933 entstandenen Aufnahme. (05)

An die Feuerwehr der damals polnischen Stadt Gdingen wurde die hier gezeigte Autodrehleiter 45+2 m mit K-30-Leitergetriebe exportiert. Als Fahrgestell gelangte das des 5-t-Magirus-M-50-L (Sechszylinder-Vergasermotor, 110 PS, 7739 cm^3 Hubraum) zur Verwendung. Erstaunlicherweise wurde dieses Fahrzeug – trotz der im Osten herrschenden rauen klimatischen Verhältnisse – offen ausgeführt. Die Magirus-Werksaufnahme entstand am 15. 2. 1938. (05)

Am 17. 2. 1941 entstand die Fotografie dieser „Autotankspritze PH 115 B“ (Bezeichnung gemäß Magirus-Fotoliste) mit 2500-l/min-Heckpumpe und 2000-l-Wassertank auf 110-PS-Magirus-FS-45-Chassis. Geliefert wurde dieses Fahrzeug an die rumänische Feuerwehr Hermannstadt. (05)

Gruppenaufnahme eines weiteren Exportauftrages für Rumänien aus dem Jahre 1936. Abgebildet sind drei Magirus-M-45-S-Tankspritzen mit 3000-l-Wassertanks, sowie eine 24-m-Ganzstahl-Autoleiter auf M-27-L-Fahrgestell. Auch diese Fahrzeuge verfügten nur über offene Fahrerhäuser. (05)

Die neu gegründete Luftwaffe beschaffte ab 1936 für die Fliegerhorste geländegängige Fliegertankspritzen (FL-TS 2,5 a) auf Henschel-33-D1-Dreiachsfahrgestellen, deren sechszylindriges Dieselaggregat 100 PS erzeugte. Zusammen mit dem einachsigen Tankspritzenanhänger (TsAh) bildete dieses Gespann eine Einheit. Auf den vorderen Kotflügeln sind beidseitig Komet-Luftschaumrohre als Schnellangriffseinrichtungen arretiert. (06)

Hier die Daimler-Benz-Ausführungen der Fliegertankspritze FL-TS 2,5 a auf Mercedes-Benz-LGF-3000-(6×4)-Dreiachs-Chassis, ausgerüstet mit dem Sechszylinder-Vorkammer-Dieselmotor OM 67, der 95 PS Leistung erbrachte. Das hier gezeigte Gespann mit angehängtem TsAh wurde 1937 von Metz aufgebaut und zeigt den Ablieferungszustand der Friedensausführung. Beladung und Bestückung bestanden aus einer 2500-l/min-Vorbaupumpe, 2500 l Wasservorrat und 300 l Schaummittel. (15)

Die polnische Feuerwehr Bielska war Empfängerin dieser Magirus-Automobildrehleiter mit 37 m Auszugslänge und K-30-L-Leitergetriebe. Der Aufbau erfolgte auf dem 5-t-Chassis des Magirus M 50 (Sechszylinder-Vergasermotor, 110 PS, 7739 cm^3 Hubraum), und diese Kraftfahrdrehleiter hinterlässt ein beeindruckendes Erscheinungsbild. (05)

Am 20. 6. 1939 wurde diese für die jugoslawische Feuerwehr Kragujevac bestimmte Autotankspritze auf Magirus FS 45 mit 2000 l Wasservorrat und 2500-l/min-Feuerlöschkreiselpumpe am Heck fotografiert. (05)

Der sogenannte „Schlauchtender" (St) gehörte ebenfalls zur Ausrüstung der Feuerschutzgruppen auf den Fliegerhorsten der Luftwaffe. Hier gezeigt in der Magirus-Ausführung auf Mercedes-Benz-LoS-3750-Niederrahmen-Fahrgestell, zusammen mit dem einachsigen Schlauchtenderanhänger (StAh). (06)

Dieses von Metz, Karlsruhe, an die Heeresmunitionsanstalt Munster-Lager gelieferte Sonderlöschfahrzeug war auf Mercedes-Benz-LGF-3000 (6×4) aufgebaut und besaß einen geschlossenen Mannschafts- und Geräteaufbau. Auf dieser Detailaufnahme sind besonders gut die als Luftschaumpumpe ausgebildete 2500-l/min-Vorbaupumpe mit Schaumvormischer, sowie das gewaltige, auf dem linken Kotflügel befestigte Komet-Luftschaumrohr zu erkennen. (15)

Während auf der oberen Abbildung Fahrzeuge der Feuerschutzpolizei Bochum zu sehen sind (von links nach rechts: Fliegerkraftspritze FlKS 15 auf Opel-Blitz-3-t, Magirus FS 145 als KS 25 und Magirus FL 145 als Kraftfahrdrehleiter KL 26), zeigt das untere Foto Einsatzfahrzeuge der Feuerlöschpolizei Köln (überwiegend KS 25) anlässlich eines Appells auf dem Hof einer Feuerwache. Beide Aufnahmen dürften zwischen 1940 und 1941 entstanden sein. (09 u. 02)

Fahrzeugappell der Werksfeuerwehr Henkel in Düsseldorf-Reisholz mit noch aus den 20er Jahren stammenden Modellen. Das vordere Fahrzeug, eine Motorspritze des Typs DC 3 dF von Daimler-Marienfelde, ist – wie wohl die übrigen Fahrzeuge auch – mit Tarnscheinwerfer und abgedeckten Frontscheinwerfern (mit schmalen Lichtaustrittsschlitzen) versehen. (11)

Hof der Hamburger Feuerwache Westphalensweg während des Krieges. Die unterschiedlichsten Fahrzeuge und Typen sind hier versammelt. Am oberen Bildrand links ein Ford-BB-3-t-Lkw, daneben eine KS 25 auf Magirus FS 145. Rechts oben eine Tankspritze, vermutlich auf Magirus M 40 – ein überaus seltenes Modell. In der Bildmitte von links: Entgiftungsgerätewagen des SHD und Pritschen-Lkw, beide auf Opel-Blitz 3 t, Adler-Lkw, Magirus-M-27-Lkw und Magirus-M-25-Lkw. Am unteren Bildrand eine KS 15, daneben ein kleiner Lkw, Typ Bremen III, von Hansa Lloyd, Mercedes-Benz L 1500 S als LLG und KzS 8 auf Opel. Die aufgefahrenen Fahrzeuge geben eine kleine Vorstellung von der – trotz Vereinheitlichungsbemühungen – immer noch unübersehbaren Vielfalt der Typen. (01)

Omnibus des Typs Ford V 8/51 (90-PS-Vergasermotor, 3613 cm³ Hubraum) im Dienst eines Feuerschutzpolizeiregimentes als geschlossener MTW (Mannschaftstransportwagen) mit 1500-l/min-Vorbaupumpe und seitlichen Trittbrettkästen – ein absolutes Unikat! Rechts dahinter ein Pkw des Typs Steyr 200. (06)

Löschübung der Hamburger Feuerschutzpolizei im Hafengelände. Im Bild zwei KzS 8 auf 1-t-Opel-Blitz, deren Tragkraftspritzen für den Einsatz vorbereitet werden. Außerdem ist die Mannschaft dabei, ihre Gasmasken anzulegen. (06)

Bombenkrieg! Kommando-Leitstellenfahrzeug des Typs Henschel 30 BA 1 (Vierzylinder-Vergasermotor, 65 PS, 6330 cm^3 Hubraum, 3 t Nutzlast) mit einem Phänomen-Notstromaggregat auf Einachsanhänger der Feuerschutzpolizei Hamburg an einer Einsatzstelle nach einem Bombenangriff. Rechts im Bild ein Pkw des Typs Mercedes-Benz 170 V als Vorausfahrzeug. Ort und Zeit der Aufnahme sind nicht bekannt. (01)

Der Reichsführer SS und Chef der Feuerschutzpolizei, Heinrich Himmler, lässt sich während des Eintopfessens im Henschel-Leitstellenfahrzeug (siehe obere Aufnahme) von einem Offizier der Feuerschutzpolizei Bericht erstatten. (01)

Fahrzeuge des Feuerschutz-Polizeiregiments Sachsen bei einer Marschpause. Im Vordergrund ein Hanomag-Typ-13-Pkw (Vierzylinder-Vergasermotor, 32 PS, 1298 cm^3 Hubraum, 115 km/h Höchstgeschwindigkeit). (06)

Mit Dreifarben-Tarnanstrich versehene Feuerwehrfahrzeuge der Werksfeuerwehr des Wolfsburger Volkswagenwerks im Jahre 1944. Von links: VW Kübel Typ 82, Mercedes-Benz L 3750 KS 25, Klöckner-Deutz GFL-145 GDL (DL 32), Magirus FS 145 KS 25, VW Typ 11, Mercedes-Benz L 4500 F KS 25, zwei Opel-Blitz 3 t, VW-Schwimmwagen Typ 166 und Klöckner-Deutz S 3000 SLG. (06)

Einsatz von Feuerwehrfahrzeugen in zerbombten Städten. Das obere Foto zeigt eine KS 25 auf Magirus FS 145; die untere Abbildung ein SLG auf Mercedes-Benz L 3000 F. Rauchschwaden verdunkeln sowohl Himmel als auch die ausgebrannten Gebäude. Die sichtbaren Straßenschäden lassen erahnen, welchen Belastungen Einsatzkräfte und Fahrzeuge allein schon bei ihren Fahrten durch die Trümmerwüsten ausgesetzt waren. Von den anderen, weitaus größeren Gefahren ganz zu schweigen! (09 + 06)

Der große Fahrzeugmangel nach Kriegsende ließ viele Feuerwehren zu mancherlei Notbehelfen greifen. Von der Berufsfeuerwehr Göttingen nach Eigenumbau als Bergefahrzeug in Dienst gestellt wurde dieser ehemalige mittlere Schützen-Panzerwagen (Sd.Kfz.251) der Deutschen Wehrmacht Typ Hanomag H kl 6 p. Dieses auf dem nur wenig veränderten Fahrgestell des 3-t-Zugkraftwagens aufgebaute, gepanzerte Gefechtsfahrzeug für Gruppenbesatzung war mit dem Sechszylinder-100-PS-Maybach-Vergasermotor HL 42 mit 4170 cm³ Hubraum motorisiert und besaß eine lenkbare Vorderachse sowie ein Schachtellaufwerk mit Gleisketten. Neben der auf der neugeschaffenen Ladefläche installierten Krananlage mit Zahnstangenausleger wurde auch ein Fahrerhaus eingebaut. Das 8,5 t schwere Halbkettenfahrzeug war mit einer Höchstgeschwindigkeit von über 50 km/h auf befestigter Straße zu bewegen; der Kraftstoffverbrauch mit 50 Litern auf 100 Kilometern aber entsprechend hoch. (17)

Unten: Ein ähnliches allerdings noch gewichtigeres Unikum – ein ehemaliger schwerer Zugkraftwagen 18 t (Sd.Kfz.9) Typ F2, gebaut von Famo, Breslau, stand noch Mitte 1954 als Bergefahrzeug mit 6-t-Bilstein-Drehkran auf der Ladefläche bei der Berufsfeuerwehr

Hamburg im Dienst. Diese gewaltige Halbkettenzugmaschine besaß den V-12-Zylinder-Maybach-HL-98-TUK-Vergasermotor mit 230 PS und 9800 cm³ Hubraum, der das 18 t schwere Fahrzeug auf maximal 50 km/h beschleunigen konnte. Der Kraftstoffverbrauch war mit 120 l auf 100 Kilometern (bei Geländefahrten sogar bis zu 270 l) allerdings geradezu gewaltig. Bei dem erfahrungsgemäß geringen Auslastungsgrad von Kranfahrzeugen dürfte er aber wohl keine dominierende Rolle gespielt haben. (01)

Oben: Zu einem handbetätigten Kipper in Eigenleistung umgerüstet wurde diese ehemalige Kraftfahrspritze KS 25 auf Mercedes-Benz LoS 3750 von der Berufsfeuerwehr Köln. Die Aufnahme von 1956 zeigt das Fahrzeug mit einer Ladung Steinkohle. (02)

Unten: Ein ehemaliges Wehrmachtskrad mit Einheits-Seitenwagen der Marke Zündapp KS 600 W (Zweizylinder-Viertakt-Boxermotor mit 597 cm³ Hubraum und 28 PS bei 4700 U/min) der Bauserie 1937–1940 wurde nach Kriegsende von der Berufsfeuerwehr Köln in Dienst genommen. Die Spitzengeschwindigkeit des 570 kg schweren Gespanns lag bei 100 km/h. (02)

Besonders kleinere Wehren hielten ihre meist in Eigenarbeit umgebauten Behelfslöschfahrzeuge oft noch lange in Ehren. Es spricht für die Zuverlässigkeit dieser Fahrzeuge, dass sich so mancher Wagen oft bis in die 60er Jahre – vereinzelt auch noch länger – im Einsatzdienst befand.
Hier drei ehemalige Wehrmachts-Fahrzeuge, die in Österreich anzutreffen waren (ähnliche Fahrzeuge gab es auch in Deutschland). Oben ein früherer mittlerer geländegängiger-Einheits-Pkw (4×4) Fabrikat Horch 901 Typ 40 (Achtzylinder-V-Motor, 90 PS, 3823 cm^3 Hubraum), der zwischen 1940 und 1942 gebaut worden war und von der FF Unken eingesetzt wurde. Darunter ein ähnliches, allerdings mit offenem Aufbau und Leitergalerie gestaltetes Fahrzeug der FF Krispl. Ganz unten ein leichter geländegängiger Lkw des Typs Krupp L 2 H 143 (Protze) 6×4, bestückt mit einem Vierzylinder-60-PS-Vergasermotor in Boxerbauweise, der früher als Mannschafts-Transportwagen der motorisierten Infanterie eingesetzt und nun als geländefähiges Löschfahrzeug bei der FF Weiz seinen Dienst versah. (alle 18)

Löschgruppenfahrzeug LF 15 (ehemaliges SLG) auf Mercedes-Benz L 3000 F, sowie eine DL 26 von Metz auf Mercedes-Benz LoD 3750 Anfang der 50er Jahre vor der Krefelder Hauptfeuerwache, Florastraße. (19)

Aus einem TLF 15/43 auf Opel-Blitz-3-t-Fahrgestell (Sechszylinder-Vergasermotor, 68 PS, 3626 cm^3 Hubraum) entstand Ende der 40er Jahre dieses Schaumtanklöschfahrzeug der Berufsfeuerwehr Hamburg durch Eigenumbau. Über der Heckpumpe war ein Venturi-Zumischregler eingebaut. (01)

Wohl kaum ein Betrachter wird vermuten, daß dieses Löschfahrzeug der FF Hollabrunn (Österreich) mit seinem extrem langen Radstand aus einem Vorkriegs-Omnibus entstand. Das Fabrikat war ein Henschel des Typs 4 J 5 (Sechszylinder-Diesel, 125 PS, 11 781 cm^3 Hubraum, 4 t Nutzlast); Einzelheiten bezüglich Beladung und Bestückung sind leider unbekannt. (18)

Die FF Hallein bei Salzburg setzte noch in den 60er Jahren diese ehemalige Flugplatztankspritze TS 2,5 a auf Henschel 33 D 1 (6×4) ein, die sich noch weitgehend im Originalzustand befand. Unter anderem war die Schnellangriffseinrichtung mit Komet-Schaumrohr, sowie der Tarnscheinwerfer (links vorn) noch vorhanden. (18)

Ehemaliger schwerer Schlauchkraftwagen (SSK) der Berufsfeuerwehr Hamburg auf Mercedes-Benz L 3000 F (Vierzylinder-Vorkammer-Dieselmotor, 70 PS, 4850 cm^3 Hubraum), aufgenommen in den ersten Nachkriegsjahren. Möglicherweise handelt es sich um ein Vorserienfahrzeug mit Metz-Aufbau. (01)

Ehemaliger Leichter Gasschutzkraftwagen (LGK) auf Mercedes-Benz L 3000 F der Berufsfeuerwehr Hannover. Während des Krieges wurden LGK bei den Entgiftungstrupps der LS-Abt. (mot) des SHD eingesetzt und führten als Ausrüstung leichte und schwere Gas(Atem)-Schutzgeräte mit. Die Abbildung entstand vermutlich Ende der 50er Jahre auf dem Hof der Hauptfeuerwache. (20)

Diese Abbildung zeigt eine frühere Fliegerkraftfahrspritze (FlKS 15) mit Magirus-Aufbau und Henschel-30-BA-1-Fahrgestell für 3 t Nutzlast, wie sie in dieser Ausführung ab 1938 in geringen Stückzahlen für die Luftwaffe gebaut wurde. Der Vierzylinder-Vergasermotor leistete 65 PS bei 6330 cm^3 Hubraum. Dieses später in der Leistungsgruppe LF 15 eingereihte Fahrzeug stand noch viele Jahre nach Kriegsende bei der österreichischen Feuerwehr der Stadt Ried (Innkreis) im Dienst und hatte nur geringe äußerliche Veränderungen über sich ergehen lassen müssen. (18)

Der Daimler-Benz-3-t-Lkw Mercedes-Benz L 3000 wurde zwischen 1938 und 1944 in über 16 000 Einheiten gebaut. Eine größere Anzahl dieser Fahrgestelle wurde mit Feuerwehraufbauten versehen, so dass entsprechend viele das Kriegsende erlebten. Oben eine vom 25. 9. 1966 datierte Aufnahme eines TLF 15 mit Truppfahrerhaus der FF Kufstein in Tirol. Darunter ein Löschfahrzeug LF 15, dessen Mannschaftskapazität durch Umbau erweitert wurde. Fotografiert wurde dieses Einzelstück bei der FF Pinkafeld (Burgenland) am 3. 7. 1971. Die Aufnahme des TLF 15 (links) mit Doppelkabine der FF Gmunden (Oberösterreich) entstand am 3. 7. 1967. (alle 18)

Auch die Feuerwehr der Stadt Wien baute in den Nachkriegsjahren eine größere Anzahl Fahrzeuge für unterschiedlichste Verwendungszwecke um. Aus den vielen vorhandenen und überzähligen LF 25, u. a. auf Mercedes-Benz-L-4500-F-Fahrgestellen, entstand ein Tierrettungswagen mit Doppelkabine und Kofferaufbau sowie ein 5-t-Kranfahrzeug (der Drehturm stammte von einer Metz-DL-26). Beide Aufnahmen wurden am 28. 9. 1958 angefertigt. (alle 18)

Die Berufsfeuerwehr Solingen baute nach dem Krieg einen Magirus-FS-145-GSK-(Großer Schlauchkraftwagen) S-4,5, Baujahr 1941, in eigener Werkstatt in einen Rüstkraftwagen mit handbetriebenem Bilstein-Kran um. Er wurde 1955 außer Dienst gestellt, als ein neuer Magirus-Rundhauben-RKW-7 angeschafft worden war. (21)

Der bekannteste, bewährteste und verbreitetste deutsche Lkw der Kriegszeit war sicherlich der Opel-Blitz-3-Tonner, den es in Zehntausenden Exemplaren – sowohl in Straßen- als auch in Allradausführung gab. Diese Modelle waren nach Kriegsende teilweise Jahrzehnte bei Feuerwehren in Mittel- und Osteuropa vertreten. Oben ein 3-Tonner „S“ als Löschfahrzeug (3,6–36) der niederösterreichischen Feuerwehr Obergrafendorf in einer Fotografie vom 12. 7. 1964. Das besondere Merkmal dieses Wagens ist der LLG-ähnliche-Aufbau, der auf das 3-t-Chassis umgesetzt worden war. Auf dem mittleren Bild ein allradgetriebener Typ 3,6–6700 A als Gerätewagen/ Lkw mit Vorbaupumpe der FF Brunn (Schneebergbahn). Der Wagen befand sich am 25. 8. 1963 im Dienst. Zum Schluß ein von Rosenbauer umgebautes TLFA 1700 mit Vorbaupumpe auf Opel-Blitz 3,6–6700 A, das noch Ende der 70er Jahre bei der FF Adnet (Land Salzburg) im Alarmdienst eingesetzt wurde. (18 u. 22)

Oben ein Mannschaftswagen auf Opel-Blitz L 701 (Daimler-Benz-Lizenzbau) der FF Kemmelbach (Niederösterreich), aufgenommen am 2. 7. 1966. Das Fahrzeug auf dem mittleren Bild – ein Pumpwagen auf Opel-Blitz 3,6–47, fotografiert am 9. 6. 1963 – gehörte der FF Himberg und war mit einer Vorbaupumpe ausgerüstet. Darunter ein Lkw/MTW mit in Eigenbau entstandener Mannschaftskabine der FF Adnet bei Salzburg, der sich noch bis Ende der 70er Jahre im Einsatzdienst befand. (18 u. 22)

Metz-DL-17 (mit mechanischem Leiterantrieb) mit 800-l/min-Vorbaupumpe und Truppfahrerhaus auf Opel-Blitz 2,5–32 (Sechszylinder-Vergasermotor, 2473 cm³ Hubraum, 55 PS) der FF Bischofshofen bei Salzburg, die nach Kriegsende im Eigenumbau entstand und noch am 22. 9. 1973 dem Einsatzbestand angehörte. (18)

In den 60er Jahren stand die hier abgebildete ehemalige etwa 1938 gebaute Kraftfahrspritze KS 15 auf Magirus M 30 bei der österreichischen Feuerwehr St. Veit/Glan, Kärnten, im Dienst. (18)

Mercedes-Benz L 1500 als Kraftzugspritze KzS 8 der FF Wedel, Holstein, welche 1935 in Eigenaufbau durch den örtlichen Karosseriebauer Voss im Nachbarort Haseldorf entstanden war. Hier in einer Nachkriegsaufnahme mit angehängter einachsiger Motorspritze. (06)

DL 22 m von Magirus auf L K-3500-Fahrgestell von Hansa-Lloyd (Sechszylinder-Vergasermotor, 60 PS) der FF Spittal (Drau). (18)

Zu Beginn der 50er Jahre besaß die FF Lüneburg noch eine mechanische 25-m-Holzleiter von Magirus auf Magirus-3,5-t-Magirus-Fahrgestell (Sechszylinder-Diesel, 4559 cm^3 Hubraum, 65 PS), Baujahr 1933. (13)

Die FF Geesthacht (Kr. Lauenburg/Elbe) rüstete im Jahre 1953 ein überzähliges SLG (LF 15) auf Mercedes-Benz L 3000 F von 1943 zu einer DL 17 von Magirus in Eigenarbeit um, indem man den Geräteaufbau entfernte und die Leiter von einem anderen Fahrzeug auf dieses Fahrgestell umsetzte. In diesem Zustand leistete die DL 17 noch jahrelang gute Dienste. (06)

Von der Berufsfeuerwehr Solingen sind eine Reihe von Farbaufnahmen der damals dem Einsatzbestand angehörenden Fahrzeuge aus den späten 50er Jahren erhalten geblieben. Oben ein LF 25 (ex KS 25) von 1939 auf Mercedes-Benz LoS 3750 (Sechszylinder-Diesel, 100 PS) mit 2500-l/min-Feuerlöschkreiselpumpe und 800-l-Wassertank. Das Fahrzeug wurde am 20. 6. 1960 außer Dienst gestellt. (21)

Auch dieses ehemalige Große Löschgruppenfahrzeug (GLG) auf Mercedes-Benz L 4500 F von 1943 gehörte – unter anderem auch als Fahrschulwagen – bis zum Jahre 1964 als Wagen Nr. 2 zum Fahrzeugbestand der BF Solingen. (21)

Das abgebildete LF 25 (ex KS 25) auf Mercedes-Benz LoS 3750 befand sich bis zum 10. 1. 1959 in dieser Funktion bei der BF Solingen im Dienst.
Kurz darauf erfolgte die Umrüstung des Chassis für den Bau einer Arbeitsleiter, indem der Leiterpark der Magirus-Holzleiter DL 20, das ursprünglich von 1929 stammende Fahrgestell war verschrottet worden (siehe unteres Bild), auf dieses Fahrgestell unter Entfernung des Mannschafts- und Geräteaufbaus umgesetzt wurde. Die endgültige Ausmusterung des Fahrzeugs erfolgte am 25. 9. 1962. (beide 21)

Aus einem LF 25 (Mercedes-Benz LoS 3750, Baujahr 1939) entstand durch Umbau, der von einer örtlichen Karosseriefirma durchgeführt wurde, der hier abgebildete Lkw. Die Bordwände hatte man mit 80 cm Höhe absichtlich so hoch gebaut, weil das Fahrzeug auch für den Transport von Mannschaften eingesetzt werden sollte. Die Außerdienststellung erfolgte am 1. 6. 1958. (21)

Schlauchwagen (ehemals S 4,5 von 1940) auf Magirus-FS-145-Chassis mit Sechszylinder-Diesel und 125 PS mit Geräteanhänger in einer Aufnahme aus den 50er Jahren. Die Berufsfeuerwehr verfügte damals über zwei dieser Fahrzeuge. (21)

Bei diesem Fahrzeug handelt es sich um einen ehemaligen Schlauchkraftwagen S 4,5 von 1940, der bei Magirus in Ulm zu einer Drehleiter (erkennbar an der noch vorhandenen Doppelkabine) umgebaut worden war. Die am 29. 7. 1950 der Öffentlichkeit vorgestellte DL 30 war das erste Fahrzeug mit Ganzstahlleiterpark der BF Solingen. Die Außerdienststellung erfolgte 15 Jahre später. (21)

Am 1. 8. 1956 in Dienst gestellter Hilfskranwagen mit Pritschenaufbau der BF Solingen. Das Fahrgestell stammte von Magirus (Vierzylinder-Diesel, 6081 cm³ Hubraum, 85 PS, Baujahr 1938) und die Kraneinrichtung dürfte eine Hebekraft von ca. 1,5–2 t gehabt haben. Am 17. 5. 1961 beendete auch dieses Unikat seinen Dienst. (21)

Motorwechsel am LF 25 auf Mercedes-Benz L 4500 F (Wagen Nr. 17 der BF Solingen) in den 50er Jahren. (21)

Dieses 1943 gebaute ehemalige Leichte Löschgruppenfahrzeug (LLG) – später LF 8 – auf Mercedes-Benz L 1500 S gehörte zu den Fahrzeugen der BF Solingen, die 1961 aufgrund einer TÜV-Anweisung aus dem Verkehr gezogen werden mussten. Als Ersatz wurden Löschgruppenfahrzeuge LF 8 von Magirus auf Faun F 24 DL beschafft. (21)

Magirus-Deutz S 3000 nach dem am 12. 5. 1959 fertiggestellten Umbau zu einem Pulverlöschfahrzeug PLF 750 mit 750-kg-Löschanlage von Total, Ladenburg, hier zu sehen bei einer Vorführung auf dem Hof der Hauptfeuerwache Hüttenstraße der Düsseldorfer Berufsfeuerwehr. Das Fahrzeug war zusätzlich mit zwei 50-kg-Geräten und 20 P-12-Handlöschapparaten beladen und mit einem 250-kg-Anhänger gekoppelt. Somit standen insgesamt 1340 kg Löschpulver, gestaffelt in allen gängigen Größenordnungen, zur Verfügung, so dass vom Großeinsatz bis zum kleinsten Vergaserbrand jedes denkbare Objekt mit geeigneten Geräten angegriffen werden konnte. Am 10. 12. 1965 wurde das Magirus-Fahrgestell ausgemustert, der Aufbau hingegen auf einem Rundhauber-Chassis weiter verwendet. (23)

Ehemaliger Entgiftungs-Kraftwagen des SHD (Gasschutzwagen) mit Gaubschat-Kofferaufbau von 1942, der sich vom 15. 9. 1944 bis 18. 8. 1955 in dieser Funktion bei der BF Düsseldorf im Dienst befand. Im Frühjahr 1958 erfolgte der Umbau zu einem Generatorkraftwagen mit Gleichstrom-Nebenanschluß-Vorbaugenerator 220 V/18 A/4 kVA, der von einer ausgemusterten M-45-Kraftfahrdrehleiter komplett mit Stoßstange abgebaut worden war. Seitliche Dachkästen mit Umfeldbeleuchtung (Leuchtstofflampen) wurden ebenfalls installiert. Die Aussonderung des Fahrzeugs erfolgte am 18. 3. 1965. (23)

Bei der BF Düsseldorf befand sich am 29. 5. 1951 ein von Meyer-Hagen aus einem ehemaligen Schlauchkraftwagen S 4,5, dessen Aufbau durch den Krieg stark beschädigt worden war, umgebauter Rüstkraftwagen im Dienst. Das Chassis war ein Mercedes-Benz L 4500 F, motorisiert mit einem Sechszylinder-120-PS-Diesel. Der Kranwagen wurde angeschafft, um den Aufgaben, mit denen die Feuerwehr insbesondere bei Verkehrsunfällen immer stärker konfrontiert wurde, gewachsen zu sein. Es wurde ein komplett neuer Aufbau mit einer am Heck hinter der Hinterachse installierten 7,5-t-Krananlage bei 1,60 m Ausladung erstellt. Der Kranausleger war nach hinten herausfahrbar, und die Steuerung der Kranbewegungen erfolgte durch Elektromotoren mittels Fernbedienung. Am Rahmenende befanden sich zwei ausklappbare Laufrollen, um auch mit angehängten Lasten verfahren zu können. Die Besatzung betrug sechs Mann, das mitgeführte technische Gerät und Zubehör bestand u. a. aus Straßenbahnwinden, Pferdehebegeschirr, Großraumentlüfter, Kettensäge, Kreissäge, Bohrmaschine, Boschhammer, Beleuchtungsgeräten, Räum- und Rüstgeräten und Stützmaterialien. Dazu besaß der Rüstwagen noch einen 220/380-V-15-kVA-Gleichstromgenerator. Der Kranausleger und die Abstützungen waren sehr massiv und mit Sicherheit überdimensioniert, was die Hinterachse stark belastete und sich beim Bremsen negativ auswirkte. Deshalb wurde 1961 ein Teil der Ausrüstung auf einen ehemaligen zweiachsigen Schlauchhaspelanhänger umgeladen. Das wegen seiner Ausmaße als „Jumbo" bezeichnete, optisch sehr ansprechende Fahrzeug wurde im September 1964 ausgemustert und verschrottet. Die beiden Aufnahmen zeigen das Fahrzeug etwa 1958 auf dem Hof der Hauptfeuerwache. (beide 23)

Zwei Aufnahmen vom Alltag der Berufsfeuerwehr Köln: Während die obere Abbildung Wartungs- und Reparaturarbeiten an Motor und Bremsen eines LF 25 auf Mercedes-Benz LoS 3750 zeigt, ist auf dem unteren Bild der Einsatz einer der neuen DL 25+2 auf Magirus S 3500 beim Brand eines Lager- oder Fabrikgebäudes zu sehen. (beide 02)

Ehemaliges Schweres Löschgruppenfahrzeug (SLG) von Meyer-Hagen auf dem 3-t-Chassis des Klöckner-Deutz S 3000, in einer Nachkriegsaufnahme als Einsatzfahrzeug der Berufsfeuerwehr Wolfsburg. (24)

Ehemaliger Großer Schlauchkraftwagen S 4,5 auf Magirus FS 145 der Berufsfeuerwehr Hannover, fotografiert Ende der 50er Jahre. (20)

Dieses ebenfalls auf Magirus FS 145 erstellte LF 25 (ehemals KS) wurde Anfang der 50er Jahre von der FF Lüneburg eingesetzt. (13)

Linke Seite:
Mercedes-Benz L 1500 als LF 8 (ex LLG), das zu Beginn der 60er Jahre einer Löschgruppe der FF Hamburg angehörte, vor dem Gerätehaus. (01)

Löschzug der BF Düsseldorf, bestehend aus LF 25 (ex KS) auf Mercedes-Benz L 4500 F – dieser Wagen befand sich vom 6. 10. 1942 bis 12. 10. 1964 im Dienst und stammte aus Luftschutzbeständen – einer neuen DL 25 auf Magirus-Deutz S 3500 und eines Schlauchkraftwagens S 4,5 auf Magirus FS 145, im Bild rechts oben vor der Hauptwache Hüttenstraße, rechts auf dem Marsch befindlich. (beide 23)

Unten ein weiterer Löschzug der BF Düsseldorf: links ein LF 25 (ex KS) auf Magirus M 45, daneben eine DL 30 auf gleichem Chassis und ganz rechts ein VW 1200 (Käfer) als Vorfahrwagen 3 (mit luftgekühltem 25-PS-Vierzylinder-Boxermotor), der bereits aus einer Nachkriegsbeschaffung stammte. (23)

Mercedes-Benz LoS 3750 als LF 25 (früher KS der Daimler-Benz-Werksfeuerwehr des Werks Mannheim. Dieses Fahrzeug besaß – wie fast alle Einsatzfahrzeuge dieser Werksfeuerwehr – eine dekorativ verchromte Kühlerattrappe. Rechts im Hintergrund ist ein neuer Mercedes-Benz-L-6600-Fernverkehrslastwagen zu sehen. (25)

Die Berufsfeuerwehr Mannheim ließ 1952 dieses ehemalige auf Mercedes-Benz L 4500 F erstellte LF 25 von der Firma Bachert zu einem Tanklöschfahrzeug umbauen. Es lief bei der Mannheimer Feuerwehr unter der internen Bezeichnung TLF 25–4 und hat offenbar die ursprüngliche 2500-l/min-Pumpe behalten. (25)

LF 25 auf Mercedes-Benz L 4500 F des Löschzuges Hiltrup der FF Münster während einer Löschübung zu Beginn der 60er Jahre. (26)

Ehemalige KS 25 auf Mercedes-Benz L 4500 F der BF Düsseldorf, hier zu sehen auf der Wache Behrensstraße. (23)

Schwerer Schlauchkraftwagen (S 3) der BF Hamburg auf Klöckner-Deutz S 3000 mit geöffneten Geräteräumen, fotografiert Anfang der 50er Jahre. (01)

Fahrzeuge der FF Ganderkesee, aufgenommen Mitte der 50er Jahre. Links das 1955 von Graaff, Elze, gelieferte neue Tanklöschfahrzeug TLF 15 mit Truppfahrerhaus auf Ford-FK-3500-Allrad-Chassis – ein Einzelstück – und rechts daneben ein früheres SLG auf Klöckner-Deutz S 3000, noch in der tannengrünen Lackierung der ehemaligen Feuerlösch(schutz)polizei. (27)

DL 26+2 auf Magirus FL 145 der BF Trier bei einer alarmmäßigen Übungsfahrt. (29)

Bei der BF Bremen befand sich in den 50er Jahren die abgebildete DL 32 (ehemals GDL) auf Klöckner-Deutz-GFL-145-Niederrahmen-fahrgestell im Bestand. (28)

Links: LF 15 auf Klöckner-Deutz S 3000 (ex SLG von 1942) zu Beginn der 60er Jahre als Einsatzfahrzeug der FF Kronshagen, Kr. Rendsburg. Rechts im Bild eine Einachs-Anhängeleiter AL 18. (06)

Rechte Seite:
Auch ehemalige US-amerikanische Armeefahrzeuge wurden häufig von deutschen Feuerwehren übernommen und nach erfolgten Überholungen und Umbauten in Dienst gestellt. Hier ein 1,5-Tonner Dodge T 223 WC 63 (mit Vorbauseilwinde) als Mannschaftstransportwagen der FF Bolheim. (06)

Die schweren, noch aus der Kriegszeit stammenden Löschfahrzeuge waren noch über viele Jahre unentbehrlich. Dieses LF 25 auf Magirus FS 145 der BF Hagen wurde Anfang der 60er Jahre fotografiert. (06)

Schlauchkraftwagen S 4,5 auf Magirus FS 145 der BF Solingen im Einsatz bei einem Wasserrohrbruch unter Verwendung der mitgeführten Tragkraftspritze TS 8/8. (21)

Feuerwehr Bolheim

Handelsübliche Personenkraftwagen wurden für Einsatzzwecke als Brandmeister-, Vorfahr- oder Aufklärungsfahrzeuge oder auch als Dienst-Pkw von vielen Feuerwehren eingesetzt. Hier eine BMW-2600-L-Achtzylinder-Limousine mit Sechszylinder-110-PS-Vergasermotor der BF München während eines Besuchs auf der Hamburger Hauptfeuerwache. (01)

VW-1200-Export-Limousine (Typ 11) mit 30-PS-Vierzylinder-Boxermotor als Vorfahrwagen 4 der BF Düsseldorf, fotografiert auf der Wache Behrensstraße. Dieses Fahrzeug stand von 1955 bis 1968 im Dienst. (23)

Ein gebraucht erworbener Opel Kapitän von 1951 (Sechszylinder-Vergasermotor, 58 PS, 2473 cm^3 Hubraum, 130 km/h Höchstgeschwindigkeit) wurde von der BF Solingen in eigener Werkstatt hergerichtet und als erste mobile Funkstation eingesetzt. Den Kofferraum füllten zwei Batterien (je 135 Ah) und die Funkanlage komplett aus. Das Fahrzeug verfügte über eine Handgaseinstellung für den Standbetrieb, wobei man durch das Öffnen der Motorhaube die Überhitzung des Triebwerks verhindern konnte. Dieser sehenswerte Wagen wurde 1958 außer Dienst gestellt. (21)

Viele kleine Dorffeuerwehren waren auch noch nach dem Krieg froh, einen von einem Traktor gezogenen Tragkraftspritzenanhänger ihr eigen nennen zu können. Hier ein 22-PS-Güldner-Schlepper des Typs ADA der FF Bergenweiler mit einem solchen Einachsanhänger von Ziegler. (30)

Ein von Ziegler ausgerüstetes Behelfslöschfahrzeug auf einem serienmäßigen Pritschenwagen des VW-Transporters mit auf der Ladefläche verlasteter Tragkraftspritze TS 8/8, CO_2-Löscher, Pulverlöschgerät sowie Holzbehältnisse, um darin Schlauchmaterial lagern zu können. (30)

VW-Standard-Limousine mit 25-PS-Boxermotor im Heck von 1953 als Brandmeister- oder Vorfahrwagen der BF Köln. Ausgerüstet war der Käfer (mit geteilter Heckscheibe) mit Kennscheinwerfer und Mehrtonfanfaren. (02)

Opel Olympia der Bauserie 1947–49 (Vierzylinder-Vergasermotor, 37 PS, 1488 cm^3 Hubraum, 112 km/h Höchstgeschwindigkeit) als Aufklärungsfahrzeug der BF Hannover, fotografiert Ende der 50er Jahre. Neben zwei blauen Kennscheinwerfern ist das Fahrzeug zusätzlich mit einer einstöckigen Auer-Rundumkennleuchte ausgerüstet. (20)

Kleinlöschfahrzeug (KLF) 6 mit Magirus-Aufbau auf dem Eintonner Ostner Typ Rex 4 (motorisiert mit dem Vierzylinder-38-PS-Motor des Ford Taunus 12 M) in einer Aufnahme vom 11. 5. 1953. Der Typ des KLF – einem zwischen TSF und LF 8 angesiedeltem Löschfahrzeugtyp mit 600-l/m-Feuerlöschpumpe – konnte sich nicht durchsetzen. (05)

1952 wurden zwei Kleinlöschfahrzeuge auf Fahrgestellen des Eintonnen-Lieferwagens Tempo Matador von der BF Köln für die Löschgruppen Worringen und Dünnwald der FF Köln erworben. Der Matador besaß das 25-PS-Boxer-Antriebsaggregat des VW Käfer und erreichte damit eine Höchstgeschwindigkeit von 75 km/h. Die Besatzung bestand aus vier Mann, und die Ausmusterung der Fahrzeuge erfolgte 1958 (nach Unfall) und 1963. (02)

Hier zwei Tragkraftspritzenfahrzeuge auf Basis des VW-Achtsitzers, die von Ziegler zu Feuerwehrfahrzeugen ausgebaut worden waren. Das Baujahr dieser für die FF Tübingen und Kappel bei Freiburg bestimmten Fahrzeuge dürfte etwa 1953 gewesen sein. Als Besonderheiten sind bei beiden Modellen die Kennscheinwerfer sowie der verchromte Motorkugelwecker beim Tübinger und die Elektrofahrsirene beim Kappeler Fahrzeug zu vermerken. (30)

Unten: Eine Serie von Kleinlöschfahrzeugen (KLF) 6 auf Opel-Blitz-1,75-t-Fahrgestellen von Ziegler stehen hier in einer etwa 1954/55 entstandenen Aufnahme zur Auslieferung bereit. Bei den ersten vier Fahrzeugen (von links) sind die Besteller zu entziffern: die FF Zell a. Main, Winterbach, Geradstetten und Magstadt. Alle Fahrzeuge verfügten über 600-l/min-Vorbaupumpen (beim Fahrzeug ganz rechts ist dessen Anbau noch nicht erfolgt). (15)

Rechte Seite:
Löschgruppenfahrzeug LF 8 mit Magirus-Aufbau auf Ford FK 2000 (Vierzylinder-52-PS-Vergasermotor, 2 t Nutzlast), vor dem Gerätehaus der FF Appen, Schleswig-Holstein. (06)

Fahrzeuge auf Opel-Blitz-1,75-t-Fahrgestellen gehörten, wie die Gegenstücke von Hanomag, Ford und Borgward, zu der leichten LF-8-Klasse im Feuerwehrfahrzeugbau. Hier ein LF 8-TS (mit eingeschobener TS 8/8 und 800-l/min-Vorbaupumpe) der FF Thedinghausen, das der niedersächsische Feuerwehrausrüster Bierstedt im Jahre 1955 erstellt hatte. (31)

Bei der FF Neureut bei Karlsruhe befand sich dieses 1954 von Bachert mit Mittelpumpe und mit Rolläden verschlossenen Geräteräumen auf Hanomag L 28 (Vierzylinder-Diesel, 50 PS, 2799 cm³ Hubraum) aufgebaute LF 8 bis Anfang der 80er Jahre im Einsatz. (32)

Hier ein von Schlingmann in Dissen erstelltes LF 8 auf Ford FK 2500 (Achtzylinder-Vergasermotor, 100 PS, 3924 cm³ Hubraum) der FF Bissendorf im Nachteinsatz im Rahmen der Herbstübung im Oktober 1978. (33)

Recht verbreitet waren in den 50er Jahren Tanklöschfahrzeuge TLF 8 auf den Borgward-Allrad-Fahrgestellen B 2500 A bzw. B 522 A. Diese Bauart, sozusagen eine verkleinerte Ausführung des TLF 16-T mit reduziertem Wasservorrat und geringerer Pumpenleistung, wurde vielfach von niedersächsischen Wehren beschafft, um auch im Gelände, abseits von Straßen und Wegen bei der Brandbekämpfung einsatzfähig zu sein. Das hier gezeigte TLF 8 auf B 2500 A wurde etwa 1957 von Graaff aufgebaut und besaß einen 82-PS-Sechszylinder-Vergasermotor. (34)

Im August 1954 entstandene Metz-Werksaufnahme von drei auslieferungsbereiten LF 8 mit Mittenpumpe auf Hanomag-L-28-Fahrgestellen. Die Besteller waren (von links) die FF Pfaffenrot, Stupferich und Spöck. (15)

R540-791

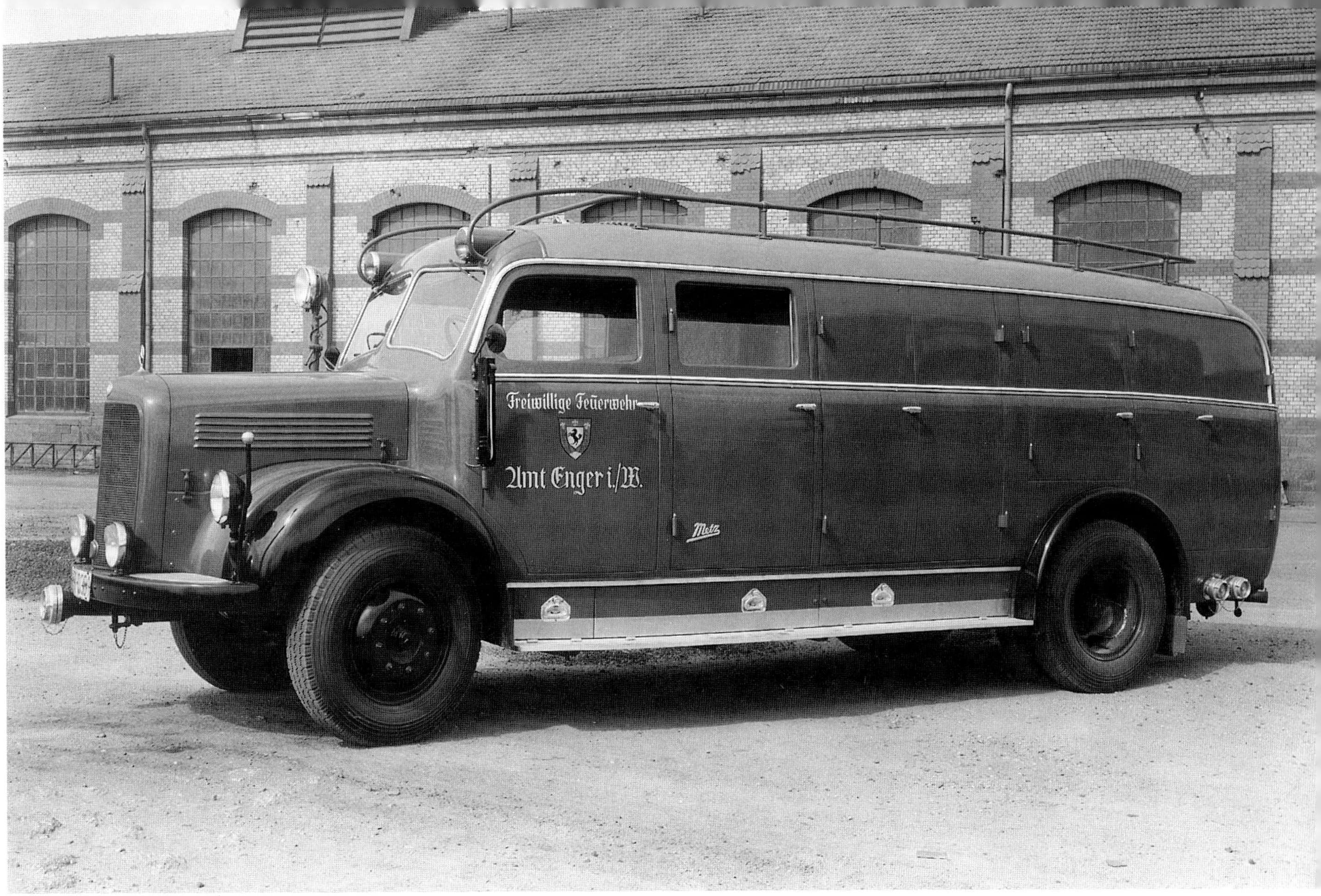

Tanklöschfahrzeug TLF 15/51 von Metz in Omnibusbauweise auf Mercedes-Benz LF 3500/42 der FF Enger, Westfalen, in einer Aufnahme vom 7. 4. 1953. (15)

Linke Seite:
Rundhauber der BF Köln vor der gewaltigen Kulisse des Doms Mitte der 50er Jahre. (02)

Hier eine Metz-Werksaufnahme eines TLF 15 mit Omnibusaufbau, kurioserweise auf Magirus-A-3500-Allrad-Chassis, das von der BF Hannover am 19. 9. 1953 als TLF-1 auf der Wache 1 in Dienst gestellt wurde. Ab 1963 lief dieses Einzelstück unter der Bezeichnung „Waldbrandwagen“ und wurde im Oktober 1968 außer Dienst gestellt. Das TLF war mit einem Pumpaggregat von Amag-Hilpert bestückt. (15)

Die deutschen Feuerwehrausrüster Metz und Magirus waren schon immer stark exportorientiert. Hier eine Autotankspritze mit Staffelfahrerhaus auf Klöckner-Deutz S 3000, geliefert an die spanische Feuerwehr Zaragoza, in einer Magirus-Werksaufnahme vom 10. 8. 1942. Das Fahrzeug besaß eine am Rahmenende offen eingebaute 1500-l/min-Feuerlöschkreiselpumpe sowie einen Löschwassertank von 2500 l Inhalt. Beachtenswert und ungewöhnlich ist die nur einfach bereifte Hinterachse. (05)

Metz, Karlsruhe, lieferte im November 1956 dieses Tanklöschfahrzeug TLF 16 mit Staffelkabine und abgesetztem Geräteaufbau auf Steyr-Diesel 480 (Vierzylinder-Diesel, 90 PS, 5322 cm^3 Hubraum, 5 t Nutzlast) an die österreichische FF Bregenz, Vorarlberg. Es lief dort unter der Bezeichnung TLF 2000 und führte einen Schaummittelvorrat von 60 l mit. (15)

Dieses 1954 auf Magirus-Deutz S 3500 aufgebaute TLF 15/54 mit Dachgalerie, 1500-l/min-Feuerlöschpumpe und 2400-l-Wassertank stand bis 1968 bei der BF Solingen im Dienst und wurde zeitweise auch als Schulungsfahrzeug für die Fahrschule eingesetzt. (21)

Zwei allradgetriebene Fahrzeuge – vorn ein TLF 16 auf F Mercur 125 A von Magirus-Deutz – des Katastrophenschutzes des Kreises Münster während einer Übung in schwierigem Waldgelände. (26)

Tanklöschfahrzeug TLF 15 der FF Lüneburg auf Magirus-Deutz F Mercur 125 von 1955 mit offenliegendem Pumpenstand am Heck (siehe auch gegenüberliegende Abbildung). (13)

Unten die Heckaufnahme eines Zumischerlöschfahrzeugs ZLF 25 mit heckseitigen Pumpabgängen und Anschlüssen der BF Hamburg auf Magirus-Deutz S 3500 von 1953. Beidseitig am Heck waren zwei Schnellangriffs-Schaumrohre mit jeweils 30 m Hochdruckschlauch eingebaut und am Heck selbst zwei A- und vier B-Anschlüsse vorhanden. Die Feuerlöschpumpe leistete 2500 l/min, der Wassertank faßte 2000 l, und weitere 250 l Schaummittel ergänzten die Beladung. In der Art der amerikanischen Löschfahrzeuge waren zwei Standplätze mit Haltegriffen für mitfahrende Mannschaften am Heck vorhanden. (01)

Rechte Seite:
Magirus-Werksaufnahme des für die FF Lüneburg bestimmten TLF 15/54, datiert vom 25. 3. 1955. (05)

MAGIRUS-DEUTZ
FREIWILLIGE FEUERWEHR
LUNEBURG

Löschgruppenfahrzeug LF 8 von Metz auf Opel-Blitz 1,75 t in einer Aufnahme von 1962. Der Feuerwehrwagen wurde 1954 von der Werksfeuerwehr Ostara-Fliesen, Osterrath bei Krefeld, in Dienst genommen und war dort noch 1990 als Einsatzfahrzeug vorhanden. Rechts neben dem LF 8 ein DKW 3=6 als Krankentransportfahrzeug. (06)

TLF 15 in Omnibusausführung auf Magirus-Deutz-S-3500-Rundhauberchassis der FF Garstedt bei einer Einsatzübung Mitte der 60er Jahre. (06)

Fahrzeuge des Katastrophenschutzes und Feuerwehren des Kreises Münster haben sich auf diesem Bild etwa Mitte der 60er Jahre zu einer Übung versammelt. (26)

Unten: Fahrzeuge der BF Solingen auf einer Fahrt Ende der 50er Jahre in die Niederlande an einem Grenzübergang. Der 1954 gebaute Opel-Kapitän im Vordergrund (Sechszylinder-Vergasermotor, 68 PS, 2473 cm³ Hubraum, 138 km/h Höchstgeschwindigkeit) war das frühere Dienstfahrzeug des damaligen Oberstadtdirektors, das ab 15. 10. 1958 dem Amtsleiter der Solinger Feuerwehr als Dienstwagen zur Verfügung gestellt wurde. Ausgemustert wurde der Kapitän im Januar 1963. Der ansehnliche rote Omnibus dahinter – ein Mercedes-Benz 0 4000 (Sechszylinder-Diesel, 120 PS, 10 300 cm³ Hubraum, 75 km/h Höchstgeschwindigkeit), wurde 1940 von den Solinger Verkehrsbetrieben beschafft und am 1. 6. 1956 nach Umbau in den feuerwehreigenen Werkstätten mit einer Laufleistung von 1,2 Mio. Kilometern in Dienst gestellt. Die Aussonderung erfolgte am 4. 4. 1962. (21)

Fahrzeughalle der BF Heilbronn Mitte der 60er Jahre. Von rechts nach links sind zu identifizieren: LF 15 auf Mercedes-Benz L 3000 F, LF 8 auf Hanomag L 28 und LF 8 auf Opel-Blitz 1,75 t. (35)

Löschzug der BF Düsseldorf mit versammelter Mannschaft auf dem Hof der Hauptfeuerwache zu Beginn der 60er Jahre. (23)

Fahrzeuge der FF Clausthal-Zellerfeld in den 60er Jahren. Links ein LF 15 auf Magirus-Deutz S 3000; in der Bildmitte ein TLF 16-T auf Mercedes-Benz LAF 311/36 und rechts daneben eine ehemalige Kraftfahrspritze (KS) 15. (36)

Magirus-Deutz S 3000 (bereits in der luftgekühlten Nachkriegsausführung) als LF 15 im Löscheinsatz bei einem Wiesenbrand am 21. 3. 1959. Die zahlreichen Wehrmänner bereiten sich, ausgerüstet mit Schaufeln und behelfsmäßigen Feuerpatschen, auf den Einsatz vor. (36)

Linke Seite: Übergabe von Löschgruppen- und Tanklöschfahrzeugen aus dem Bestand der Berufsfeuerwehr Dortmund an einige Löschgruppen der örtlichen Freiwilligen Feuerwehr auf dem Hof der Dortmunder Südfeuerwache am 18. 10. 1963. Es handelt sich um Fahrzeuge auf Mercedes-Benz LF 311 und Magirus-Deutz F Mercur 125. (04)

Oben ein Tanklöschfahrzeug TLF 16 von 1959 auf Mercedes-Benz LAPF 311/36 mit Allradantrieb, Bachert-Aufbau und Lamellenverschlüssen der BF Mannheim. Das mit einstöckigen Auer-Rundumkennleuchten ausgerüstete Fahrzeug besaß eine 1600-l/min-Feuerlöschkreiselpumpe sowie 2800 l Wasservorrat. Der Sechszylinder-Vorkammer-Dieselmotor leistete mit Aufladung 115 PS. Diese fortschrittlichen Frontlenkerfahrzeuge standen im Schnitt bis zum Beginn der 80er Jahre bei der Mannheimer Feuerwehr im Alarmdienst. (25)

Hier ein seltenes TLF 16, das die Firma Graaff in Elze für die FF Pegnitz 1959 auf einem Mercedes-Benz-LAF-311/36-Chassis aufbaute. Dieser Wagen befand sich noch Mitte der 80er Jahre – allerdings ohne die vordere vorgezogene Saugleitung – bei dieser Wehr im Bestand. (34)

Rechte Seite oben:
Fahrzeughalle der BF Hamburg mit Einsatzfahrzeugen. Vorn ein neues LF 25, das mit einer 3200-l/min-Feuerlöschpumpe und 1500 l Wasservorrat ausgerüstet war. Dahinter ein weiteres LF 25 auf Magirus FS 145 der Kriegsgeneration. (01)

Oben: Es ist bisher offenbar kaum bekannt geworden, dass auch die BF Essen zu Beginn der 50er Jahre zumindest ein LF 25 von Metz auf Mercedes-Benz L 5000 F (Sechszylinder-Diesel, 120 PS, 7270 cm^3 Hubraum) in Betrieb hatte. Dieses Fahrzeug, das gegenüber den nach Hamburg gelieferten Wagen eine abweichende Gestaltung der Frontscheiben besaß, dürfte vermutlich mit einer 2500-l/min-Pumpe bestückt gewesen sein, worauf die Bezeichnung „25–6“ hindeutet. (37)

Rechts: Lackierarbeiten in eigener Werkstatt an einem aufgebockten TLF 16 (Mercedes-Benz LAF 311/36) der Berufsfeuerwehr Dortmund. Unter der geöffneten rechten Motorabdeckung ist der Turbolader zu erkennen, der die Motorleistung kurzzeitig auf 115 PS steigern konnte. (04)

Links: TLF 15 (Magirus-Deutz-S-3500-Rundhauber in Omnibusbauweise) der BF Dortmund geht auf Alarmfahrt. (04)

Unten: Großeinsatz bei der BF Hamburg im Hafen am Schuppen 70 am 7. 8. 1957. In den achteren Laderäumen des polnischen Motorfrachters MS Lublin war ein Brand ausgebrochen. Schiffsbrände sind erfahrungsgemäß schwer zu bekämpfen, da sie sich sehr schnell ausbreiten und außer Kontrolle geraten können. Aus diesem Grund war bei der Brandbekämpfung stets höchste Eile geboten. Auf diesem Bild sind jeweils zwei LF 25 und Opel-Blitz-3-t-TLF-15 sowie VW 1200 (Käfer) in der Standardausführung als Vorfahrwagen zu erkennen. Des weiteren ist ein S-4,5-Schlauchkraftwagen auf Magirus FS 145 mit Geräteanhänger (Bildmitte) sowie – im Hintergrund – das von der Hamburger Feuerwehr 1953 als Einzelstück beschaffte LF 15 auf Magirus-Deutz-S-3500-Rundhauber sichtbar. (01)

LF 15 auf Magirus-Deutz S 3500 der BF Köln bei einem Einsatz im Hafengelände zwecks Ablöschen brennender Papierballen im Jahre 1957. Auf dem Fahrzeugdach sind unter anderem Schlauchbrücken zu erkennen. (02)

Löschgruppenfahrzeug LF 16 auf Magirus-Deutz F Mercur 125 A der BF Wiesbaden im Einsatz bei einem Großbrand in der Firma Linde am 23. 1. 1971. (12)

Damals ein großes Ereignis: im Jahre 1950 wurde die erste Drehleiter der FF Gevelsberg nach dem Krieg – eine DL 22 m von Metz auf Mercedes-Benz LF 3500/42 – unter gebührender Anteilnahme der Bevölkerung und besonders der Jugend, vor der komplett angetretenen Wehr ihrer Bestimmung übergeben. (38)

1952 entstandene Daimler-Benz-Werksaufnahme, die einige zur damaligen Zeit aktuelle Feuerwehrfahrzeugtypen mit Metz-Aufbauten zeigt. Vorn ein TLF 15 in der zeitweise auch von Metz gefertigten Omnibuslinie, dahinter ein allradgetriebenes TLF in der abgesetzten Bauform, auf kurzem 3,60-m-Fahrgestell. Beide Fahrzeuge wurden auf Mercedes-Benz-LF- bzw. -LAF-3500-Fahrgestellen mit 90 PS Motorleistung erbaut. Ganz rechts eine DL 32 m auf dem Chassis des Mercedes-Benz L 5000 F. (07)

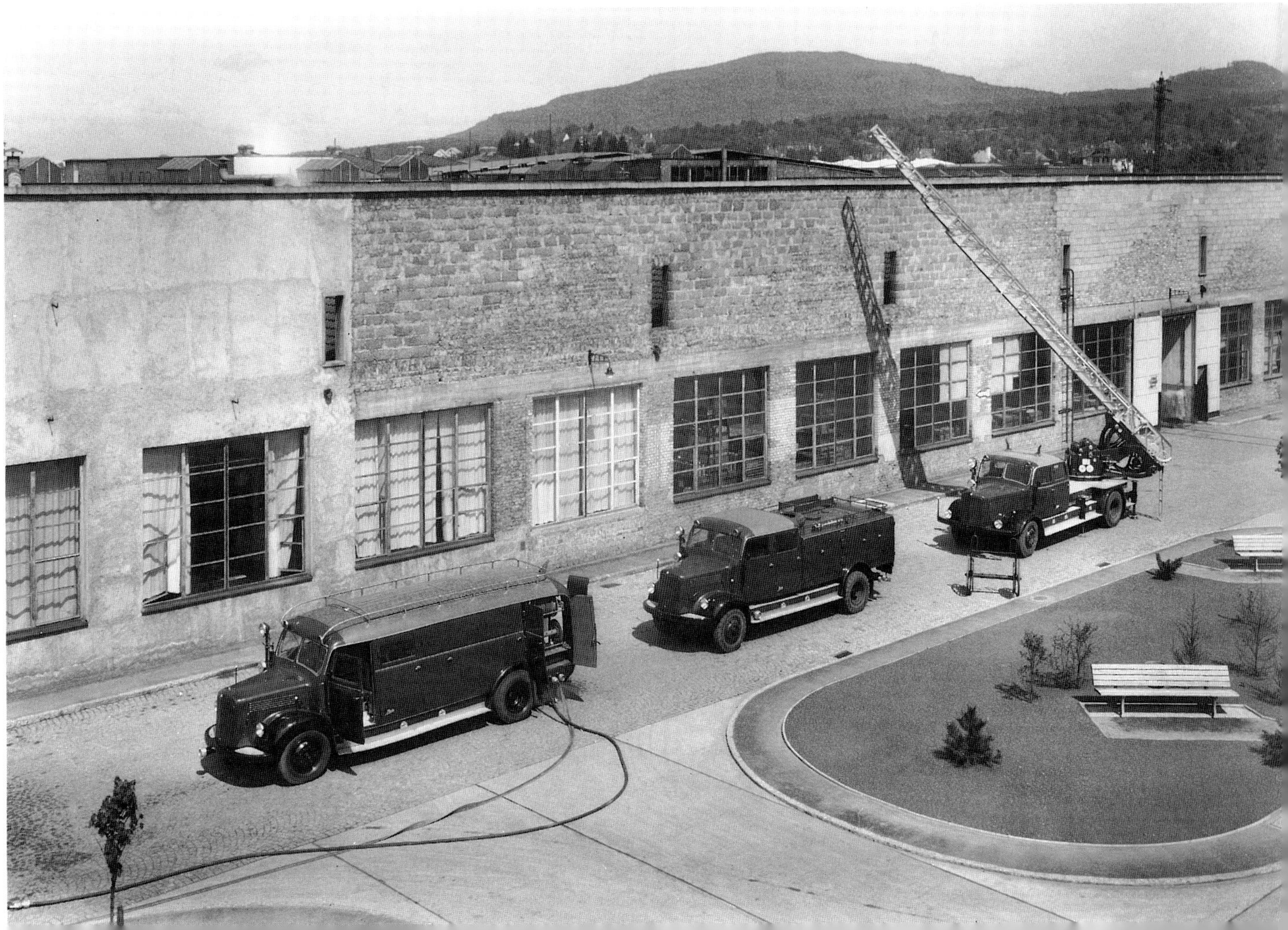

Feuerwehrfahrzeuge der FF Neuss, aufgenommen auf dem Hinterhof der mit dem Rathaus räumlich verbundenen Feuerwache. Vorn eine DL 26 auf Mercedes-Benz LoD 3750 aus der Vorkriegszeit, dahinter das 1955 gelieferte TLF 15 auf LAF 3500/36 von Metz, und zum Schluß das 1952 beschaffte Omnibus-TLF-15 des gleichen Herstellers auf LF 3500/42. (39)

Henschel-Feuerwehrfahrzeuge der BF Kassel, aufgenommen im Jahre 1956. Von links: Rüstwagen R 10 (RKW) auf Henschel HS 140 von 1953, Löschgruppenfahrzeug LF 15 von Metz auf HS 100 von 1955, sowie eine DL 26 mit einem Vorkriegsleiterpark, der 1956 auf ein neues HS-100-Chassis umgesetzt worden war. (44)

Fahrzeughalle der BF Aachen Ende der 60er Jahre. Es dominieren Rund- und Eckhaubermodelle von Magirus. Vorn eine VW-1200-Limousine in der Export-Ausführung der Bauserie 1960–65 mit luftgekühltem Vierzylinder-Boxermotor im Heck mit 34 PS als Vorfahrwagen. Daneben ein LF 16 auf Magirus-Deutz 150 D 10. (16)

Drehleitern der BF Essen auf dem Hof der Hauptfeuerwache: Ganz links die DL 36+2 auf Krupp-Mustang von 1951, daneben die beiden DL 30 auf Krupp-Mustang K 8 M 4 und rechts davon zwei DL 30 auf Mercedes-Benz Lko 325/46 von 1957. Sämtliche Drehleiter-Aufbauten fertigte Metz in Karlsruhe. (37)

Fahrzeuge der FF Düren etwa Mitte der 50er Jahre. Links ein TLF 15 der Bauserie von 1950 in der abgesetzten Bauform von Metz auf Mercedes-Benz LF 3500/42, in der Mitte ein LF 25 (ex KS) auf Mercedes-Benz LoS 3750 und ganz rechts die neue, 1954 von Metz beschaffte DL 25 m auf LF 3500/42 von Daimler-Benz. (41)

Löschzug der BF Aachen in einer Aufnahme vom 10. 4. 1970. Neben zwei Eckhaubern (LF 16 und DL 30) fährt noch ein Rundhauber-TLF-16 mit. Ganz links der VW-1200-Vorfahrwagen. (16)

Magirus-Deutz S 3500 der BF Solingen mit DL-25-Drehleiteraufbau des gleichen Herstellers. Dieses Fahrzeug, das einen mechanischen Antrieb der Leiterbewegungen besitzt, wurde am 15. 10. 1954 in Dienst genommen und 20 Jahre später – 1974 – an eine Gebäudereinigungsfirma veräußert. Es soll heute noch existieren. (01)

Unten: Frontlenkerfeuerwehrfahrzeuge der BF Hamburg im Einsatz bei einem Großbrand eines Industriegebäudes. Vorn eine der ab 1959 in großen Stückzahlen einheitlich von dieser Berufsfeuerwehr in Dienst gestellten hydraulischen DL 30 h auf Mercedes-Benz-LPF-337- bzw. -338/42-Frontlenkerfahrgestellen. Links daneben ein LF 16 von Bachert, gleichfalls auf Daimler-Benz-Frontlenker. (21)

Rechte Seite:
Mercedes-Benz Lko 325/46 mit mechanischem DL-37-Drehleiteraufbau von Metz in einer Ende der 50er Jahre entstanden Farbabbildung in ausgefahrenem Zustand auf dem Werksgelände der Farbenfabriken Bayer AG, Werk Uerdingen. Das 1956 beschaffte Fahrzeug war bis vor kurzer Zeit dort noch als Reserveleiter stationiert. (42)

Diese mechanische DL 30 m von Magirus wurde Ende 1951 auf dem schweren S-6000-Chassis von Magirus-Deutz (Sechszylinder-Reihen-Dieselmotor mit 125 PS) an die BF Heilbronn geliefert. Das mächtige Fahrzeug ist – leider – mit an Sicherheit grenzender Wahrscheinlichkeit verschrottet worden. (05)

Die BF Dortmund setzte einen 26-m-Leiterpark von Magirus der Kriegszeit Ende der 50er Jahre auf ein neues Fahrgestell (Magirus-Deutz F Mercur 125) mit Truppfahrerhaus um. In diesem aktualisierten Zustand konnte das Leiterfahrzeug noch jahrelang weiterverwendet werden. (04)

Zu den ersten Nachkriegsbeschaffungen der Berliner Feuerwehr zählte diese 1949 von Magirus beschaffte DL 22 m auf Magirus-Deutz S 3500 (luftgekühlter Vierzylinder-Diesel des Typs F 4 L 514, 85 PS, 5322 cm³ Hubraum) mit Staffelfahrerhaus. Dieser Typ war das erste Drehleitermodell, das die deutschen Feuerwehrausrüster nach dem Kriege anbieten konnten. (14)

Ein Einzelstück, von der Berliner Feuerwehr 1948 beschafft, war diese Metz-DL-37-m auf Büssing-NAG, Typ 5000 S (Sechszylinder-Vorkammer-Dieselmotor, 105 PS, 7413 cm³ Hubraum), die – bis 1961 im Feuerwehrdienst eingesetzt – noch heute existiert und der Restaurierung harrt. (06)

DL 30 h auf Magirus-Deutz F Mercur 125 während einer Übung in der Ulmer Altstadt am 19. 11. 1962. (05)

Die Dürener DL 25 m von Metz gehörte zu jenen Leitern, die auch eine Kraneinrichtung besaßen, mit welcher leichtere Lasten angehoben werden konnten. Hier hat die Drehleiter einen ausgemusterten Lloyd-LT-500-Transporter am Haken, dessen Gewicht mit ca. einer Tonne noch so gering war, daß die an der Seite des Leiterparks mitgeführten Stützen zur Erhöhung der Tragkraft des Krans nicht benötigt wurden. Die Abbildung lässt gut erkennen, dass der Leiterstuhl der damaligen Metz-Konstruktion infolge der verrundet gestalteten Fahrer- und Mannschaftskabine eine 360°-Drehung zuließ. (41)

Magirus DL 25 m auf Magirus-Deutz S 3500 der FF Schorndorf im Einsatz bei Baumarbeiten am 29. 3. 1956. Die Aufnahme verdeutlicht auch, daß Wehrmänner zur Erfüllung ihrer Aufgaben schwindelfrei sein mußten. (06)

Fahrzeuge der BF Köln während eines Einsatzes im Jahre 1956. Links die 1954 von Magirus auf S 6500 gelieferte DL 30 m sowie der 1953 in Dienst gestellte Pionierwagen auf A-3500-Allrad-Chassis von Magirus, dessen Aufbau durch die Kölner Karosseriefirma Bauer erfolgt war. Die Drehleiter wurde 1971, der Pionierwagen bereits 1966 außer Dienst gestellt. (02)

Linke Seite: Drei Drehleitergenerationen auf dem Hof der Hauptfeuerwache der BF Heilbronn, aufgenommen um 1970. Ganz oben die auf Magirus-Deutz S 6000 beschaffte DL 30. (35)

Drehleitern der BF Frankfurt. Während oben eine Standard-DL-30-h auf Magirus-Deutz F Mercur 125 in einer Aufnahme vom 28. 1. 1958 zu sehen ist, zeigt das darunter befindliche Bild eine von der Auszugslänge her in Deutschland unübliche DL 50 h, die – ebenfalls von Magirus erstellt – auf dem schweren 200-D-19-A-Allrad-Exportfahrgestell (luftgekühlter V-8-Dieselmotor, 200 PS, 12 667 cm³ Hubraum) aufgebaut worden war. Die DL 50 mit ihrem sechsteiligen Leiterpark wurde für den Feuerschutz der immer höheren Bebauung in der Mainmetropole beschafft und am 21. 5. 1965 fotografiert. (beide 05)

Zwei außergewöhnliche für den Export bestimmte Drehleitern von Magirus. Das obere Bild zeigt eine DL 45+2 m mit mechanischem Leiterantrieb mit auf den Oberholmen eingebautem Fahrstuhl für die Feuerwehr der bulgarischen Hauptstadt Sofia. Der gewaltige Leiterpark wurde auf dem 6,5-t-Chassis des MAN MK 26 (Sechszylinder-Diesel, 130 PS, 8725 cm^3 Hubraum) mit 5,20 m Radstand errichtet. Das Foto entstand am 27. 4. 1954. Das untere Bild ist die Ablichtung einer ebenfalls mit Fahrstuhl erstellten DL 30 auf Scania-Vabis L 65 für die Feuerwehr Västeras in Schweden vom 6. 8. 1953. (beide 05)

Die US-Streitkräfte in Deutschland vergaben in den 50er Jahren Fahrzeugaufträge an die deutsche Feuerwehrgeräte-Industrie. Hier die beiden Standard-Fahrzeuge, die für diesen Auftraggeber von Magirus gebaut wurden, aufgenommen am 19. 9. 1955. Links das TLF 15-S 7 auf Magirus-Deutz F Mercur 125 A und daneben eine DL 25 h auf gleichem Chassis in Straßenausführung. Beide Fahrzeuge besitzen einen Gitterschutz vor den Scheinwerfern und Elektrofahrsirenen auf den Fahrerhäusern. Das übliche Magirus-Emblem auf dem Kühler-Lüftungsgitter ist nicht vorhanden. (05)

Noch aus dem Jahre 1938 stammt die Abbildung dieser auf Volvo LV 94 für die schwedische Feuerwehr Örebro von Magirus gebauten DL 26, aufgenommen in Ulm an der klassischen Fotostelle für Werksaufnahmen mit dem Ulmer Münster im Hintergrund. (05)

FEUERWEHR
W 76.129

Linke Seite:
Beeindruckende Perspektive einer am 12. 6. 1957 fotografierten Magirus DL 50+2 h mit hydraulischem Leiterantrieb der BF Wien. Auf diesem Bild ist der sechsteilige Leiterpark sowie der nach oben ausklappbare Schlitten auf den Oberholmen gut sichtbar. Als Fahrgestell diente das schwere S-7500-Chassis von Magirus-Deutz (luftgekühlter 170-PS-V-8-Motor F 8 L 614 mit 10 644 cm³ Hubraum) mit 7,6 t Nutzlast und 5,40 m Radstand. (05)

Magirus DL 50 h auf Magirus-Deutz Jupiter 195 (195-PS-V-8-Dieselmotor mit Luftkühlung und 12 667 cm³ Hubraum, 9,5 t Nutzlast), geliefert im Frühjahr 1961 an die Feuerwehr der griechischen Hauptstadt Athen. Der Magirus-Exportanteil für Drehleitern lag zeitweise bei weit über 50%, gemessen an der Gesamtfertigung. (05)

DL 44+2 m von Magirus auf Magirus-Deutz S 6500 für die Feuerwehr Rio de Janeiro in einer am 3. 5. 1956 entstandenen Magirus-Werksaufnahme. Das Fahrzeug ist ebenfalls mit einem auf den Oberholmen arretierten Fahrstuhl bestückt.

Oben: Metz-DL-25-m auf Steyr-Diesel Typ 380 (Vierzylinder-Diesel, 85 PS, 5322 cm³ Hubraum) der österreichischen FF Hallein bei Salzburg in einer im April 1959 entstandenen Aufnahme. Beachtenswert an diesem mit Staffelkabine ausgerüsteten Fahrzeug sind die beiden vorn übereinander am Leiterstuhl befestigten Schlauchhaspeln. (15)

Linke Seite:
Dieser Metz-DL-29-Leiterpark von 1935 wurde von der BF Wiesbaden Ende der 50er Jahre auf ein neues Kurzhauben-Fahrgestell von Daimler-Benz (Typ L 337 mit Sechszylinder-Vorkammer-Diesel, 172 PS. 10810 cm³ Hubraum, 12 t zulässiges Gesamtgewicht) gesetzt. Das 1959 umgebaute Fahrzeug besaß eine Staffelkabine und ist hier bei einer Rettungsübung im Jahre 1962 zu sehen. (12)

Zu den höchsten Drehleitern der Welt zählte diese mechanische DL 60+2 m mit 3500-l/min-Vorbaupumpe, die Ende 1957 von Metz an die Volksrepublik China geliefert wurde. Diese Super-Leiter besaß einen an den Untergurten befestigten Fahrstuhl mit einer Tragkraft für zwei Personen, vier ausziehbare Fallspindeln mit zentraler Auslösung sowie sechs Mann Besatzung. In 60 Sekunden konnte die Leiter auf 78° aufgerichtet und in weiteren 120 Sekunden bis zu ihrer vollen Länge ausgezogen werden. Das entspricht der Höhe eines 20-stöckigen Hochhauses. Als Fahrgestell verwendete man das überschwere Kaelble-Dreiachs-Chassis des Modells KD 832 mit 5,20 m Radstand (Sechszylinder-Reihen-Viertakt-Dieselmotor des Typs GO 130 S mit 180 PS, 14 300 cm³ Hubraum und Sechsganggetriebe). Die Abmessungen dieses Drehleitermonstrums waren gewaltig: Länge 1,5 m, Breite 2,5 m, Höhe 3,8 m und 24,5 t zulässiges Gesamtgewicht. Die am 26. 11. 1957 vor dem Karlsruher Schauspielhaus entstandene Aufnahme zeigt das mit doppelstöckigen Auer-Rundumkennleuchten ausgerüstete Fahrzeug in einer Ansicht von vorne links. (15)

Auch der Krankentransport gehört sehr häufig zu den Aufgabenbereichen der Feuerwehr. Hier einige Nachkriegs-Veteranen, die damals mit diesen Aufgaben betraut waren: ganz oben ein von Miesen in Bonn karossierter Krankenwagen der BF Bremen auf Borgward Hansa 1800 (Vierzylinder-Vergasermotor, 60 PS 1758 cm^3 Hubraum, 136 km/h Höchstgeschwindigkeit) der Bauserie 1952–54. Darunter ein Mercedes-Benz 170 V (Vierzylinder-Vergasermotor, 38 PS, 1697 cm^3 Hubraum, 108 km/h Höchstgeschwindigkeit) der BF Hannover und ganz unten ein weiterer 170 V, der ab 1946 von Daimler-Benz gefertigten Bauserie mit behelfsmäßigem Kastenaufbau, dessen Fahrerhaus noch mit Press-Spanplatten verkleidet war. Dieses Fahrzeug wurde als Krankenwagen Nr. 5 bis 1955 von der BF Solingen eingesetzt. (28, 20, 21)

Unfall-Rettungswagen der BF Köln mit Miesen-Aufbau auf Opel Kapitän der Bauserie 1959–63 (Sechszylinder-Vergasermotor, 90 PS, 2605 cm³ Hubraum, 150 km/h Höchstgeschwindigkeit) des Jahres 1960. Dieses Fahrzeug bot hinsichtlich der Geräumigkeit schon einen größeren Spielraum als seine Vorgänger. (02)

Funkdienstwagen der BF Köln auf VW-Export-Limousinen von 1957, die 1958 – in Reih und Glied aufgestellt – fotografiert wurden. (02)

Schlauchwagen SW 2000 mit Vorbaupumpe und Magirus-Aufbau auf Magirus-Deutz A 3500 von 1955. Der von der BF Wiesbaden beschaffte Wagen hat sich auf dieser Abbildung in einem Schlammloch festgefahren, das er vermutlich ohne fremde Hilfe nicht verlassen konnte. (12)

Schlauch- und Gerätewagen auf Magirus-Deutz S 3500 der FF Esslingen von 1952 in einer heckseitigen Abbildung, die das Abrollen der gefalteten Schläuche während langsamer Fahrt demonstriert. In dieses Fahrzeug war ein 11-KvA-Stromerzeuger sowie am Rahmenende ein elektromotorisch betriebenes 3-t-Spill installiert. Es wurden insgesamt 885 m B-Schlauch und 180 m C-Schlauchmaterial mitgeführt. (05)

Bei der FF Dachau befand sich zu Beginn der 60er Jahre dieses von Metz nach US-amerikanischer Norm ursprünglich für die amerikanischen Besatzungsstreitkräfte auf Krupp-Südwerke-L-45-Fahrgestell etwa 1950 gebaute LF 25 im Dienst. Das 4,5-t-Fahrgestell war mit einem Sechszylinder-Vergasertriebwerk mit 110 PS und 7844 cm^3 Hubraum bestückt. Nach der Außerdienststellung bei den Streitkräften wurden viele Fahrzeuge, so wie dieses – an freiwillige Feuerwehren abgegeben, wo sie teilweise noch jahrelang ihren Dienst versahen. Die feuerwehrtechnischen Daten lauteten wie folgt: Feuerlöschkreiselpumpe mit 2500 l/min Förderleistung, 2000-l-Wassertank und 600 m in Buchten gelagerter Druckschlauch. (43)

Ein Löschzug der US-Army bei einem Festumzug in Heidelberg im November 1953. (15)

Ein Blick hinter die Kulissen bei Ziegler in Giengen. Oben ein TLF 16-T auf Mercedes-Benz LAF 311/36. Auf diesem Foto ist der über der Hinterachse gelagerte 2800-l-Löschwassertank gut zu erkennen. Unten ein LF 8 auf Opel-Blitz 1,75 t, dessen als Holzgerippe konstruierter Aufbau bereits fertiggestellt ist. (beide 30)

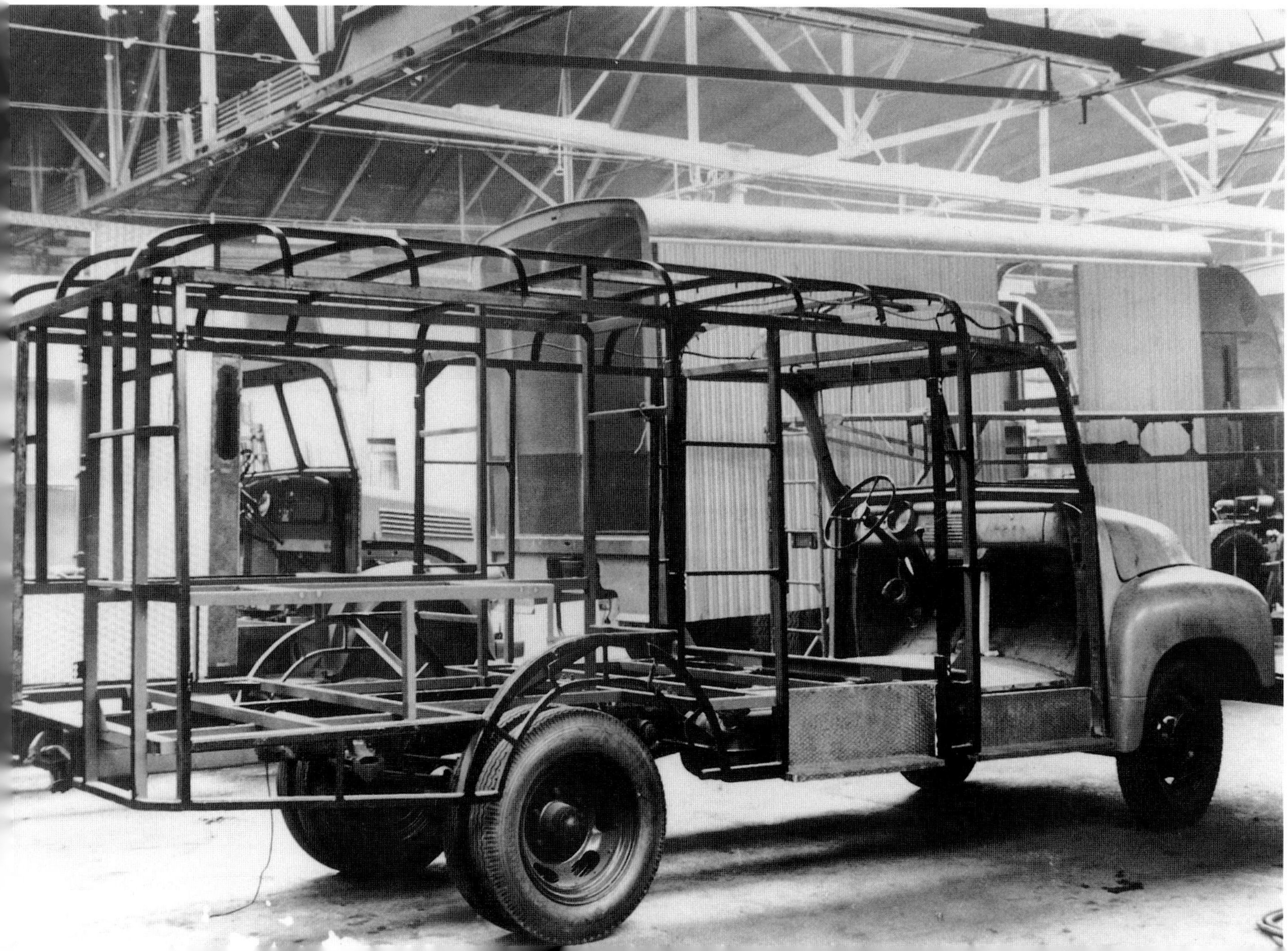

Auf dieser Seite zwei Aufnahmen aus dem Magirus-Werk in Ulm. Oben ein TLF 15/53 im Rohbaustadium mit Mittelpumpe und bereits umkleidetem Löschwassertank, aufgenommen am 27. 5. 1953. Als Chassis wurde das des Magirus-Deutz S 3500 verwendet. Unten ein TLF 15/48 auf S 3000 mit über der Hinterachse installiertem 2400-l-Wassertank, fotografiert am 5. 5. 1949. (beide 05)

Der Hamburger Rüstwagen R 10 im Einsatz:
In der oberen Abbildung ist er beim Bergen eines zweiachsigen Lkw-Anhängers am Rande einer Schnellstraße zu sehen und unten beim Anheben eines umgestürzten dreiachsigen Krananhängers in der Hamburger Innenstadt. Beide Aufnahmen entstanden im Jahre 1955; im Hintergrund des unteren Bildes ist ein ausgebranntes Geschäftshaus als Hinterlassenschaft des Bombenkrieges zu erkennen. (beide 15)

Abbildung des im Juli 1954 von Metz für die Hamburger Feuerwehr beschafften Rüstwagens R 10. Neben der elektromotorisch angetriebenen 10-t-Krananlage von Demag war eine 5-t-Heros-Vorbauseilwinde vorhanden. Als Chassis verwendete man das des Mercedes-Benz LF 6600 (Sechszylinder-Vorkammer-Diesel OM 315, 145 PS, 8280 cm^3 Hubraum). Diese Farbaufnahme entstand vermutlich zu Beginn der 60er Jahre, der Rüstwagen wurde am 9. 11. 1971 außer Dienst gestellt. (01)

Von Metz aufgebauter Rüstkranwagen RKW 10 der BF Nürnberg, fotografiert im Jahre 1955. Das Fahrzeug mit seiner Demag-Krananlage wurde auf dem MAN-758-L-1-Chassis (Achtzylinder-Diesel, 155 PS, 10 644 cm^3 Hubraum) aufgebaut und existiert noch heute als Museumsstück. Hier zu sehen bei einer Demonstration der um 360° drehbaren Krananlage. (06)

Der erste Autokran der BF Frankfurt war ein 15-t-Coles-Kran auf dem Fahrgestell der Firma Esterer mit sechszylindrigem 125-PS-Deutz-Dieselmotor und 7980 cm^3 Hubraum aus dem Jahre 1957. Das Chassis besaß ein zulässiges Gesamtgewicht von 28,2 t, und die größte Hebekraft des dieselelektrischen Kranes bei abgestützter Hinterachse betrug 15 t. Dieses sehr gewichtige, aber untermotorisierte dreiachsige Fahrzeug konnte maximal 40 km/h Höchstgeschwindigkeit erreichen – zu wenig, um entferntere Einsatzstellen schnell erreichen zu können. Die Abbildung zeigt den Kran auf der Feuerwache 6 in Sachsenhausen. (06)

Anfang 1953 beschaffte die BF Kassel einen von Metz aufgebauten Rüstwagen R 10 (dies war die damalige werksseitige Bezeichnung), später wurden diese Fahrzeuge als RKW 10 eingeordnet), den man auf ein Fahrgestell des Henschel HS 140 (Sechszylinder-Lanova-Diesel, 140 PS, 8553 cm^3 Hubraum) erstellen ließ. Hier zu sehen bei einer Vorführung der Krananlage. (44)

Abbildung des im Juli 1954 von Metz für die Hamburger Feuerwehr beschafften Rüstwagens R 10. Neben der elektromotorisch angetriebenen 10-t-Krananlage von Demag war eine 5-t-Heros-Vorbauseilwinde vorhanden. Als Chassis verwendete man das des Mercedes-Benz LF 6600 (Sechszylinder-Vorkammer-Diesel OM 315, 145 PS, 8280 cm³ Hubraum). Diese Farbaufnahme entstand vermutlich zu Beginn der 60er Jahre, der Rüstwagen wurde am 9. 11. 1971 außer Dienst gestellt. (01)

Von Metz aufgebauter Rüstkranwagen RKW 10 der BF Nürnberg, fotografiert im Jahre 1955. Das Fahrzeug mit seiner Demag-Krananlage wurde auf dem MAN-758-L-1-Chassis (Achtzylinder-Diesel, 155 PS, 10 644 cm³ Hubraum) aufgebaut und existiert noch heute als Museumsstück. Hier zu sehen bei einer Demonstration der um 360° drehbaren Krananlage. (06)

Der erste Autokran der BF Frankfurt war ein 15-t-Coles-Kran auf dem Fahrgestell der Firma Esterer mit sechszylindrigem 125-PS-Deutz-Dieselmotor und 7980 cm³ Hubraum aus dem Jahre 1957. Das Chassis besaß ein zulässiges Gesamtgewicht von 28,2 t, und die größte Hebekraft des dieselelektrischen Kranes bei abgestützter Hinterachse betrug 15 t. Dieses sehr gewichtige, aber untermotorisierte dreiachsige Fahrzeug konnte maximal 40 km/h Höchstgeschwindigkeit erreichen – zu wenig, um entferntere Einsatzstellen schnell erreichen zu können. Die Abbildung zeigt den Kran auf der Feuerwache 6 in Sachsenhausen. (06)

Anfang 1953 beschaffte die BF Kassel einen von Metz aufgebauten Rüstwagen R 10 (dies war die damalige werksseitige Bezeichnung), später wurden diese Fahrzeuge als RKW 10 eingeordnet), den man auf ein Fahrgestell des Henschel HS 140 (Sechszylinder-Lanova-Diesel, 140 PS, 8553 cm³ Hubraum) erstellen ließ. Hier zu sehen bei einer Vorführung der Krananlage. (44)

So wie die BF Kassel vielfach Feuerwehrfahrzeuge auf Henschel-Fahrgestellen beschaffte, setzte die Essener Feuerwehr auf ihre Hausmarke Krupp. Demzufolge ließ die BF Essen ihren neuen Kranwagen mit 12,5-t-Kirsten-Aufbau auch auf einem Krupp-LF-301-Frontlenker-Betonmischerfahrgestell (Vierzylinder-Zweitakt-Diesel, 145 PS, 4752 cm³ Hubraum) bauen, der 1961 in Betrieb genommen wurde. Zur Gerätebestückung gehörte eine 10-t-Bilstein-Winde. Auf dieser Abbildung ist der genannte Kranwagen sowie ein weiteres Dreiachs-Kranfahrzeug mit der Aufrichtung eines umgestürzten Tankanhängers beschäftigt. Im Jahre 1980 wurde dieses Einzelstück außer Dienst gestellt. (37)

Bei der BF Mannheim befand sich in den ersten Nachkriegsjahren dieser ehemalige US-amerikanische Kranwagen des Typs Kenworth 573 mit 6-t-Krananlage und 145-PS-Sechszylinder-Vergasermotor des Baujahrs 1943 im Einsatz. Im Vordergrund ein Rettungswagen auf Basis des VW-Achtsitzer-Transporters. (25)

1959 ließ die BF Mannheim einen KW 15 mit um 360° schwenkbarer Krupp-Ardelt-Krananlage auf dem schweren Faun-LK-912-Dreiachsfahrgestell, ausgerüstet mit einem luftgekühlten V-12-Zylinder-Deutz-Motor mit 250 PS und 15 966 cm³ Hubraum, bauen. Ende der 70er Jahre wurde dieses Fahrzeug an ein privates Kranunternehmen veräußert. (25)

Magirus-Kranwagen KW 15 der BF Heilbronn beim Abschleppen eines von der Straße abgekommenen Henschel-HS-165-Silozuges mit 32 t Gesamtgewicht im Jahre 1961. (35)

Ein Anhänger der Münchner Straßenbahn entgleiste am Morgen des 16. 12. 1963 im Berufsverkehr. Bei diesem Unfall trugen 16 Fahrgäste Verletzungen davon. Der Magirus-KW-15-Kranwagen der BF München versucht nach Bergung der verletzten Personen den Anhänger wieder auf die Beine zu stellen. (06)

So wie die BF Kassel vielfach Feuerwehrfahrzeuge auf Henschel-Fahrgestellen beschaffte, setzte die Essener Feuerwehr auf ihre Hausmarke Krupp. Demzufolge ließ die BF Essen ihren neuen Kranwagen mit 12,5-t-Kirsten-Aufbau auch auf einem Krupp-LF-301-Frontlenker-Betonmischerfahrgestell (Vierzylinder-Zweitakt-Diesel, 145 PS, 4752 cm^3 Hubraum) bauen, der 1961 in Betrieb genommen wurde. Zur Gerätebestückung gehörte eine 10-t-Bilstein-Winde. Auf dieser Abbildung ist der genannte Kranwagen sowie ein weiteres Dreiachs-Kranfahrzeug mit der Aufrichtung eines umgestürzten Tankanhängers beschäftigt. Im Jahre 1980 wurde dieses Einzelstück außer Dienst gestellt. (37)

Bei der BF Mannheim befand sich in den ersten Nachkriegsjahren dieser ehemalige US-amerikanische Kranwagen des Typs Kenworth 573 mit 6-t-Krananlage und 145-PS-Sechszylinder-Vergasermotor des Baujahrs 1943 im Einsatz. Im Vordergrund ein Rettungswagen auf Basis des VW-Achtsitzer-Transporters. (25)

1959 ließ die BF Mannheim einen KW 15 mit um 360° schwenkbarer Krupp-Ardelt-Krananlage auf dem schweren Faun-LK-912-Dreiachsfahrgestell, ausgerüstet mit einem luftgekühlten V-12-Zylinder-Deutz-Motor mit 250 PS und 15 966 cm^3 Hubraum, bauen. Ende der 70er Jahre wurde dieses Fahrzeug an ein privates Kranunternehmen veräußert. (25)

Magirus-Kranwagen KW 15 der BF Heilbronn beim Abschleppen eines von der Straße abgekommenen Henschel-HS-165-Silozuges mit 32 t Gesamtgewicht im Jahre 1961. (35)

Ein Anhänger der Münchner Straßenbahn entgleiste am Morgen des 16. 12. 1963 im Berufsverkehr. Bei diesem Unfall trugen 16 Fahrgäste Verletzungen davon. Der Magirus-KW-15-Kranwagen der BF München versucht nach Bergung der verletzten Personen den Anhänger wieder auf die Beine zu stellen. (06)

Der am 9. 10. 1959 in Dienst gestellte Heilbronner KW 15 von Magirus zieht einen eine Böschung herunter gefahrenen Daimler-Benz-Kurzhauben-Lkw wieder auf die Straße. (35)

Die BF Düsseldorf stellte am 2. 10. 1964 einen Kranwagen KW 16 in Dienst, der hier von einer Kindergruppe besichtigt wird. Das Fahrzeug entstand auf einem Magirus-Deutz-F-Uranus-A-Fahrgestell (Zwölfzylinder-Diesel mit Luftkühlung, 250 PS, 15 966 cm^3 Hubraum) und die Aufnahme lässt die gewaltigen Ausmaße dieser zur damaligen Zeit erfolgreichsten Kranwagenkonstruktion erkennen. (23)

Die FF Neuss orderte einen Rüstkranwagen RKW 10 von Metz auf dem schweren 9-t-Kurzhauben-Allradfahrgestell des Mercedes-Benz LA 334/52 (Sechszylinder-Diesel, 200 PS, 10 810 cm³ Hubraum) und stellte ihn 1964 in Dienst. (39)

Von der BF Solingen wurde am 18. 10. 1955 der abgebildete RKW 7 von Magirus in Dienst genommen, der hier als Ausstellungsstück vor dem Magirus-Werk in Ulm zu sehen ist. (21)

Zum Rüstzug der BF Hannover gehörte dieser 1958 von Metz gelieferte Kranwagen des Typs R 12,5 mit 12,5-t-Demag-Krananlage und 7,5-t-Heros-Vorbauseilwinde, dessen Aufbau auf dem Mercedes-Benz LAKo 315/52 (Sechszylinder-Diesel, 172 PS, 10 810 cm^3 Hubraum) erfolgte. Oben ist der Kranwagen mit dem Anheben eines LF 15 beschäftigt; unten eine Einsatzaufnahme bei einem Straßenbahnunfall am 17. 10. 1959 am Aegidientorplatz. (beide 20)

Der schwere, dreiachsige KW 15 der BF Ludwigshafen mit seiner 15-t-Demag-Krananlage, war zum Anheben schwerer Lasten, wie dieses Straßenbahn-Triebwagens, sehr geeignet. Das von Metz erstellte Einzelstück wurde bis 1973 vom Erstbesitzer, anschließend noch bis 1980 von der FF Montabaur eingesetzt. (45)

Die ab Mitte der 50er Jahre bei großen Berufswehren weit verbreiteten KW 15 und 16 von Magirus besaßen ein weites Einsatzspektrum und wurden zu allen erdenklichen Arbeiten herangezogen. Oben hat der Dortmunder KW 15 eine bereits entschärfte 250-kg-Bombe, aus dem letzten Krieg stammend, am Haken. Auf dem mittleren Bild wird ein Schlauchwagen S 4,5 (Magirus FS 145) von einem solchen KW geschleppt, und auf der Abbildung ganz unten dient der ausgemusterte RKW 4,5 auf Mercedes-Benz LoS 3750 der BF Bochum dem KW 16 noch als Demonstrationsobjekt für die Hubmöglichkeiten der Krananlage. (04 u. 09)

Pionierwagen der BF Köln auf Magirus-Deutz A 3500 von 1953 mit Aufbau der Karosseriefirma Peter Bauer, Köln, ausgerüstet, unter anderem mit einem 16-KvA-Stromaggregat und weiteren Geräten. Im Truppfahrerhaus konnten drei Mann Besatzung befördert werden. Zusammen mit dem ebenfalls von der Firma Bauer 1957 erstellten Rüstwagen-Anhänger, der ein zulässiges Gesamtgewicht von 7 t besaß, bildeten beide Fahrzeuge eine Einheit. Während das Zugfahrzeug bereits 1966 seinen Dienst quittieren musste, erfolgte die Ausmusterung des Anhängers erst im Jahre 1975. (02)

Unfall-Rettungswagen auf VW-Achtsitzer der BF Köln, aufgenommen 1957 auf dem Hof der Feuerwache Melchiorstraße. (02)

Zwei bei der Berufsfeuerwehr Dortmund entstandene Fotografien. Während oben eine DL 26 mit Truppfahrerhaus und Vorkriegsleiterpark zusammen mit einem TLF 16 (beide auf Mercedes-Benz LF 311) mit Löscharbeiten an einem brennenden Bauerngehöft beschäftigt sind, kam das unten abgebildete Metz-LF 16 den Flammen bei einem Einsatz offenbar zu nahe, was dessen Lackierung an der gesamten linken Fahrzeugseite großflächig in Mitleidenschaft gezogen hatte. (beide 04)

Rechte Seite: Frontlenkerfahrzeuge der BF Hamburg im Einsatz bei einem Großbrand. Vorn eine Metz-DL-30-h auf Mercedes-Benz LPF 338/42. (01)

HH-2711

Einsatz eines FLF 25 von Magirus auf A-3500-Chassis des Baujahrs 1953 der Flughafenfeuerwehr des Flughafens Frankfurt/Main in einem durch Brand bedrohten Waldstück des örtlichen Stadtwaldes im April 1963. (06)

Unten: TLF 16-T der BF München auf Magirus-Deutz-F-Mercur-150-A-Rundhauber von 1962 während eines Löscheinsatzes, bei dem Wehrmänner mit schwerem Atemschutzgerät in ein brennendes Gebäude eindringen. Das TLF, beladen mit 2800 l Wasservorrat und 400 l Schaummittel, besaß eine Schnellangriffseinrichtung auf der rechten Fahrzeugseite sowie eine Vorbauseilwinde mit 60 m Seillänge und 4,5 t Zugkraft. (06)

Rechte Seite:
Brand eines Getreidespeichers im Hamburger Hafengelände am 31. 8. 1964. Neben zwei Metz-Frontlenker-DL-30-h ist unter anderem ein ebenfalls von Metz auf Mercedes-Benz LF 311/42 erstelltes TLF 16 im Einsatz. (06)

Besuch von Fahrzeugen der FF Rodenkirchen bei Köln in der Grüngürtelschule am 22. 9. 1967. Vorn ein Metz-TLF-15 in Omnibusbauweise auf Mercedes-Benz LF 3500/42, in der Mitte ein TLF 16 auf LAF 322, gleichfalls von Metz, und ganz oben ein GW 3-Öl mit Truppfahrerhaus des gleichen Aufbauherstellers auf Mercedes-Benz LAF 1113. Diese modernen Fahrzeuge interessierten die Schüler offensichtlich stärker als der Mathematikunterricht. (02)

Rechte Seite: Katastrophenschutzfahrzeug auf Magirus-Deutz-F-Mercur-125-A beim Durchfahren eines Schlammfeldes. Für ein solch schweres Gelände war Allradantrieb unerlässlich. (26)

Die Hamburger Feuerwehr rückt zu einem nächtlichen Übungsalarm aus. (01)

M·S - 8008

Masseneinsatz von Löschfahrzeugen und Tragkraftspritzen beim Hochwasser des Flusses Wakenitz bei Lübeck am 3. 1. 1966. Es waren 210 TS 8/8 und 2300 Wehrmänner im Einsatz und 1,3 Mio. m^3 Wasser mußten aus der Wakenitz, die einen Damm zu überspülen drohte, in den etwa vier Meter tiefer gelegenen Elbe-Lübeck-Kanal gepumpt werden, um die Auslaufwerke der Wakenitz zu entlasten. Insgesamt betrug die Länge des eingesetzten B-Schlauchmaterials 60 Kilometer! (06)

Fahrzeuge der BF Heilbronn bei den Löscharbeiten an einem Lager- oder Fabrikgebäude. Vorn ein TLF 16 von Metz auf Mercedes-Benz-LAF-322/36-Kurzhauben-Chassis (Sechszylinder-Vorkammer-Dieselmotor M 321, 110 PS, 5100 cm^3 Hubraum); links im Bild eine Rundhauber-DL-30-h. (35)

Rechte Seite:
Am 18. 3. 1961 brach im südlich von München gelegenen Hofoldinger Forst ein fahrlässig verursachter Brand aus, der fast zwei km^2 Wald vernichtete. Feuerwehren, Einheiten der Bundeswehr und die Bereitschaftspolizei waren stundenlang mit der Brandbekämpfung beschäftigt. Akuter Wassermangel beeinträchtigte die Löscharbeiten sehr, so dass Bauern mit Traktoren und Jauchewagen Zubringerdienste mit Löschwasser fahren mussten, das dann an der Brandstelle zeitraubend in die Tanks der versammelten TLF umgepumpt werden musste. In der Bildmitte dieser Aufnahme zwei Magirus-Tanklöschfahrzeuge, und im Hintergrund ein TLF 8 auf Unimog S 404. (06)

MB-E 736

Sonderlöschfahrzeug SLF 24–8/1 von 1965 auf F Magirus 150 D 10 in einer Aufnahme Ende der 60er Jahre. Die 2400-l/min-Feuerlöschkreiselpumpe des Typs FP 16/8 S befand sich in der Fahrzeugmitte zwischen Fahrerhaus und Löschmittelbehälter. Das SF verfügt über 2800 l Wasservorrat und 800 l Schaummittel und zeichnet sich durch seine kompakte Bauweise aus. Es befindet sich noch heute bei seinem Erstbesitzer, der Betriebsfeuerwehr Waggonbau Brüninghaus, Schwerte-Westhofen, im Dienst. (06)

Die Werksfeuerwehr der Glasurit-Werke, Hiltrup b. Münster, stellte im Jahre 1964 das hier in einer Magirus-Werksaufnahme gezeigte Sonderlöschfahrzeug SLF 24–10 auf Magirus-Deutz F Jupiter 195 (luftgekühlter Achtzylinder-V-Motor des Typs F 8 L 714, 195 PS, 12 667 cm^3 Hubraum) in Dienst. Die löschtechnische Beladung und Bestückung bestand aus einer Feuerlöschkreiselpumpe FP 16/8 S mit einer Leistung von 2400 l/min bei 80 m WS, 4500 l Wasser, 700 l Schaummittel und 10 Flaschen CO_2 à 30 kg. Das Fahrzeug, das werksintern als ZLF 24/10 bezeichnet wurde, hatte am 26. 9. 1995 erst 6953 Kilometer zurückgelegt und befand sich zu jenem Zeitpunkt bei der Werksfeuerwehr BASF Lacke und Farben AG, Münster-Hiltrup (Nachfolgerin der Glasurit-Werke) noch im Dienst. Das untere Farbbild zeigt das SLF Ende der 60er Jahre. (26 + 05)

Borgward B 522 A/O der BF Ludwigshafen als Gerätewagen-Wasserrettung (GWW) – ehemals ein LF 8 mit Bachert-Aufbau mit einachsigem Bootsanhänger, fotografiert Ende der 60er Jahre. (45)

Ein Büssing 5000-TU-Omnibus von 1951 (wassergekühlter Sechszylinder-Unterflur-Diesel, 135 PS, 8725 cm³ Hubraum) befand sich noch in den 60er Jahren als Groß-Krankenwagen bei der BF Ludwigshafen im Dienst. (45)

Fahrzeuge deutscher Berufsfeuerwehren in den 60er Jahren. Oben Rund- und Eckhauber der BF Dortmund vor der Hauptwache. Das untere Bild zeigt Frontlenker-Feuerwehrfahrzeuge der BF Hamburg anläßlich des Brandschutztages 1964 vor der Hauptfeuerwache Westphalensweg. Das zweite Fahrzeug von links ist der 1954 beschaffte RKW 10. (04 + 01)

Diese Kraftzugspritze KzS 8 auf Mercedes-Benz L 1500 mit Metz-Aufbau von 1939 lief nach dem Krieg bei einer Freiwilligen Feuerwehr in der DDR, wobei das Fahrzeug einen durch Eigenleistung der Wehr improvisierten, geschlossenen Aufbau erhalten hatte. In diesem Zustand befand sich das Fahrzeug 1982 bei der Übernahme durch die FF Grethen, die den Wagen in aufwendiger Kleinarbeit restaurierte und in den Ursprungszustand zurückbaute. (48)

Opel-Blitz 3 t (Typ 3,6–42) als LF 15 (früher KS 15) mit 1500-l/min-Vorbaupumpe und Koebe-Aufbau von 1939. Das Fahrzeug wurde seinerzeit von der FF Wernigerode in Dienst gestellt, wo es bis zu seiner Ausmusterung aus dem aktiven Dienst Ende der 80er Jahre verblieb. Heute befindet es sich im örtlichen Feuerwehrmuseum. (47)

Bei der FF Fürstenberg (Oder) befand sich zu Beginn der 50er Jahre dieses auf einem französischem Citroën 11 UB (Vierzylinder-1,9-l-Vergasermotor, 44 PS, Frontantrieb) aufgebaute Behelfslöschfahrzeug als MTW und Zugwagen eines 1951 gebauten TSA im Dienst. Der Citroën diente ursprünglich bei der Deutschen Wehrmacht als Sanitäts-Kraftwagen und hatte damals einen geschlossenen Aufbau. (10)

Eine ehemalige Flugplatz-Tankspritze TS 2,5 auf Henschel-33-D-1-Chassis versah von 1955–63 bei der FF Ellrich (DDR) als TLF 25 Einsatzdienste. Das hier bei einem Festumzug 1956 fotografierte Fahrzeug hatte einen geschlossenen Aufbau erhalten und war von den Wehrmännern nach seiner Tätigkeit auf dem Flugplatz bzw. bei der Berufsfeuerwehr Erfurt in Eigenarbeit wieder hergerichtet worden. (49)

Rundhauber-Löschzug, bestehend auf LF 16, DL 30 und TLF 16 oder BF Dortmund. (04)

Fahrzeugbestand der FF Aalen zu Beginn der 60er Jahre. Vorn ein Opel Rekord Caravan der Bauserie 1960–62 (Vierzylinder-Vergasermotor, 55 PS, 1680 cm^3 Hubraum, Höchstgeschwindigkeit 130 km/h) als Einsatzleitwagen, dahinter ein Ford-Transit-TSF-T sowie verschiedene Eck-, Kurz- und Rundhaubenmodelle von Magirus und Daimler-Benz. Das letzte Fahrzeug in der Reihe ist die 1959 in Dienst gestellte Metz-DL-25-h auf Mercedes-Benz LF 311/42. (46)

Mitte der 50er Jahre erschien Magirus mit der Neukonstruktion von Großtanklöschfahrzeugen auf dem Markt, die in Sattelaufliegerbauweise ausgeführt waren und für Flughäfen, Industrie aber auch für Exportzwecke gedacht waren. Das oben bei einer Löschübung in einer Aufnahme vom 25. 4. 1957 gezeigte FLF 25-S mit Magirus-Deutz-A-7500-Rundhauber-Sattelzugmaschine und zweiachsigem Auflieger von Kässbohrer, dessen Beladung aus 8000 l Wasser, 800 l Schaummittel und 32 Flaschen Kohlensäure zu je 28 kg und eine 2500 l/min leistenden Feuerlöschkreiselpumpe bestand, war für den Flughafen Carrasco/Montevideo (Uruguay) bestimmt. Die Pumpenabgänge befanden sich beidseitig im unteren Teil des Sattelaufliegers; verschiedene Schnellangriffseinrichtungen und ein per Hand zu betätigender Werfer gehörten ebenfalls zur feuerlöschtechnischen Bestückung. Ein im Aufbau ähnliches Fahrzeug auf Magirus-Deutz-Jupiter-A-6500-Eckhaubensattelzugmaschine ist unten zu sehen. Das am 17. 8. 1959 bei einer Vorführung fotografierte Fahrzeug ging anschließend nach Tunesien. (beide 05)

Das hier abgebildete ehemalige Wehrmachtsfahrzeug auf Steyr, Typ 1500 A (Achtzylinder-Vergaser-V-Motor, 85 PS, 3517 cm³ Hubraum) des Baujahrs 1941, war als offener Mannschaftstransportwagen mit angehängtem TSA von 1955–1989 Einsatzfahrzeug der FF Breitenbrunn (DDR). Das Einzelstück blieb bis heute als betriebsfähiges Traditionsfahrzeug erhalten. (06)

In der ehemaligen DDR wurden von der Feuerwehrgeräteindustrie auch Fahrgestelle sowjetischer Herkunft für Feuerwehraufbauten verwendet. Das hier anlässlich eines Festzuges 1956 in Nauen gezeigte TLF 15 mit Vorbaupumpe wurde 1952 vom Feuerlöschgerätewerk Jöhstadt auf einem 4-t-SIS-150-Chassis (Sechszylinder-Diesel, 90 PS) aufgerüstet. Es besaß sowohl Staffelkabine, umfangreiche Dachbeladung in Form von Schieb- und Klappleitern, Einreißhaken, als auch eine B-Schlauchhaspel. (06)

Ein allradgetriebener IFA-G-5-Dreiachser (Sechszylinder-Diesel, 120 PS, 9036 cm³ Hubraum) mit Aufbau der Feuerlöschgerätefabrik Jöhstadt stand bei der BF Karl-Marx-Stadt (heute Chemnitz) als TLF 15 im Einsatz. Neben der 1500-l/min-Vorbaupumpe beförderte dieses Modell 2500 l Wasservorrat und 200 l Schaummittel. (50)

Hier ein als LF-LKw-TS-8-STA (Löschfahrzeug-Lastkraftwagen-Tragkraftspritze-8-Schlauchtransportanhänger) bezeichnetes Modell auf dem ab 1956 produzierten Robur-Garant-30-K-Chassis, das auf der Ladefläche eine Löschgruppe von 1+8 Mann beförderte. Diese einfachen aber durchaus zweckmäßigen Modelle bildeten über viele Jahre das Rückgrat des Fahrzeugbestandes der Freiwilligen Feuerwehren in der DDR. (06)

Ein vom VEB-IFA-Kraftfahrzeugwerk „Ernst Grube“, Werdau, gefertigtes S-4000-1-Niederrahmenchassis wurde im Auftrag einer Feuerwehr in der DDR als Basisfahrgestell für diese noch aus der Kriegsproduktion stammende DL 22 m von Magirus verwendet. Das Fahrgestell mit der tiefergelegten Rahmenvariante (insbesondere für Möbel- und Spezialtransporte), besaß ein Vierzylinder-90-PS-Dieseltriebwerk mit 6024 cm^3 Hubraum. Das Foto stammt von 1970. (10)

Zwei Drehleitern der BF Karl-Marx-Stadt, zusammen mit einem Schlauchwagen SW 14 im Hintergrund. Während ganz vorn eine DL 26 (ex Kraftfahrdrehleiter KL) auf Mercedes-Benz LoD 3750 zu sehen ist, befindet sich in der Bildmitte der vom VEB-Feuerlöschgerätewerk Luckenwalde gefertigte DL-30-Prototyp auf N-7-Niederrahmenfahrgestell, der aber die in ihn gesetzten Erwartungen hinsichtlich Betriebssicherheit leider nicht erfüllen konnte. (50)

Von der Berufsfeuerwehr Berlin-Ost wurde zu Beginn des Jahres 1957 eine mechanische Metz-DL-52 mit Fahrkorb auf westdeutschem Krupp-Tiger-Fahrgestell in Betrieb genommen, da die neu erstellten Hochbauten an der Stalin-Allee eine Drehleiter mit derart großer Auszugslänge erforderten. Hier ist das noch nicht übernommene und zugelassene Fahrzeug im August 1956 auf einer Probefahrt in der Berliner Innenstadt, am Strausberger Platz, zu sehen. Die Drehleiter blieb bekanntlich bis heute erhalten. (15)

Oben: Das Nachfolgemodell des Garant 30 K – der Typ LO 1800 A, ausgerüstet mit einem 70-PS-Vierzylinder-Vergasermotor, erschien 1961 und wurde für das gleiche Aufgabengebiet wie sein Vorgängermodell verwendet. Diese werksseitige Farbaufnahme zeigt ein Löschfahrzeug LF-Lkw-TS-8-STA auf einem solchen Fahrgestell. (51)

Als mittelschweres Fahrgestell für Feuerwehraufbauten fand das des 3,5-t-Horch-H-3A bzw. seiner Folgemodelle Sachsenring H 3 S und IFA S 4000-1 in der DDR große Verbreitung. Dieses LF 16-TS 8 mit Aufbau des VEB-Feuerlöschgerätewerks Luckenwalde entstand im Jahre 1957 auf dem Sachsenring-H-3-S-Chassis. Der Vierzylinder-Dieselmotor konnte 80 PS erzeugen. (06)

Rechte Seite: Zum Abschluss dieses Buches wird eine Frontaufnahme eines LF 16-TS auf IFA S 4000-1 gezeigt. Von diesen zeitlos schönen Klassikern aus der früheren DDR-Fertigung sind zum Glück etliche Exemplare erhalten geblieben. (06)

KOSMOS

Faszination Feuerwehr

Einzigartige Dokumente der Technikgeschichte

Udo Paulitz
Feuerwehr Raritäten

143 Seiten
258 Abbildungen
gebunden

ISBN 3-440-06856-0

Ein faszinierender Bereich der Technikgeschichte wird hier mit eindrucksvollen Bildern und Faksimiledrucken dokumentiert. Mit über 240 größtenteils bisher unveröffentlichten Fotos und seltenen Prospektabbildungen aller bedeutenden Hersteller. Eine gelungene Mischung aus älteren und neueren Typen für die verschiedensten Einsatzzwecke.

Udo Paulitz
Mercedes-Benz-Feuerwehr-Fotoalbum

144 Seiten
253 Abbildungen
gebunden

ISBN 3-440-07867-1

Mit rund 250 Fotos, Faksimiledrucken und technischen Zeichnungen bietet dieser Fotoband ein repräsentatives Bild der Geschichte der Mercedes-Benz-Feuerwehrfahrzeuge. Alle wichtigen Entwicklungsschritte – von den offen konstruierten Autospritzen bis zu den Kurzhauber-Modellen der 60er Jahre – werden übersichtlich aufgezeigt, wobei auch seltene Einzelstücke und spezielle Exportmodelle nicht zu kurz kommen.

Udo Paulitz
Magirus-Feuerwehr-Fotoalbum

144 Seiten
268 Abbildungen
gebunden

ISBN 3-440-07626-1

Zu Beginn unseres Jahrhunderts setzten die ersten zaghaften Motorisierungsbestrebungen bei den Feuerwehren ein. Die Firma Magirus in Ulm konnte mit richtungsweisenden Entwicklungen aufwarten. Dieser Fotoband zeigt die Entwicklung der Magirus-Feuerwehrfahrzeuge – von den Automobil-Feuerspritzen der Jahrhundertwende bis zu den Eckhaubern der 60er Jahre.

www.kosmos.de